每天一个
心理游戏

解读心理密码 · 洞悉人性弱点

许文静◎主编

团结出版社
UNITY PRESS

图书在版编目（CIP）数据

每天一个心理游戏 / 许文静主编 . —北京 : 团结
出版社，2018.1
ISBN 978-7-5126-5923-0

Ⅰ . ①每… Ⅱ . ①许… Ⅲ . ①心理测验－通俗读物
Ⅳ . ①B841.7－49

中国版本图书馆 CIP 数据核字（2017）第 310915 号

出　　版：团结出版社
　　　　　（北京市东城区东皇根南街 84 号　　邮编：100006）
电　　话：(010) 65228880　65244790（出版社）
　　　　　(010) 65238766　85113874　65133603（发行部）
　　　　　(010) 65133603　　（邮购）
网　　址：http：//www.tipress.com
E－mail：65244790@163.com（出版社）
　　　　　fx65133603@163.com（发行部邮购）
经　　销：全国新华书店
印　　刷：北京中振源印务有限公司
开　　本：165 毫米×235 毫米　16 开
印　　张：20
印　　数：5000 册
字　　数：350 千
版　　次：2018 年 1 月第 1 版
印　　次：2018 年 6 月第 2 次印刷
书　　号：978-7-5126-5923-0
定　　价：59.00 元

前　言

屠格涅夫说："人的心灵是一片幽暗的森林。"心理游戏是通往内心世界的一条通道，可以帮助你洞悉自己在智商、性格、事业、爱情、婚姻、财富、健康、社交、能力以及情绪等方面的心理特质，让你在最短的时间内洞悉自己及他人的心理变化，发掘那些深藏于内心的种种可能，从而看清自己，掌控他人。

心理游戏是人们在与他人的交往中，通过观察、学习、认知、探讨、调整与他人的关系，学习一种新的生活态度和行为方式。人们用"心理"来总称心思、思想、感情，而心理游戏是一个关于心思、思想、感情等规律的游戏，是研究人的心理活动及其发生、发展规律的科学游戏。心理游戏伴随着在游戏活动中出现的心理现象，将真实的自我反馈出来。人们在心理游戏中可以学会认知自我，通过游戏学会肯定自我，也学会自我实现。在生活中，自己才是自己的知己。懂得衡量自己的人，才能找到自身的价值。

心理游戏实际上是一种思考方式，是一种生活态度，当你在轻松自在的游戏中破译了心理密码，自然能感受到游戏的神奇魅力。在我们的生活中，到处都蕴涵了心理学独特的气息，只是看你有没有一双慧眼去发现。

你了解自己的真实性格吗？你能一眼洞悉他人的内心吗？你是否经常与成功擦肩而过？你的变通能力如何？你清楚自己身上的最大弱点吗？你是个有创造力的人吗？你有自己不愿意承认的丑陋性格吗？你的身体真的像你想的一样健康吗？你知道自己有哪些成功的潜质吗？你的最佳伴侣是什么样的？你的情商有多高？其实，这些问题的背后都隐藏着不为人知的心理秘密。人生最大的敌人是我们自己。不了解他人没关系，但不了解自己则很可怕。正是因为对自己缺乏足够的认识，我们才会经常陷于各种旋涡中。那么，怎样了解自己呢？无疑，心理测试是最好的途径之一。

每天玩一个心理游戏，可以让你更好地掌控自己的情绪，保持良好的心态；可以让你在人际交往中游刃有余，轻易获得他人的青睐；可以让你更懂得享受生活，珍惜身边的点滴幸福；可以让你更懂得享受财富，彰显自身的存在价值；可以让你重拾旧时的美好，也可以让恋爱和婚姻不再痒，让幸福不再远离。在这场不断破译密码的旅程中，你可能会因为错过一些东西而遗憾，也会因为收获一些东西而满足，这就是本书带给你最大的快乐。

本书收录了500多道轻松、有趣的经典心理测试题，内容涵盖了人生的方方面面，包括性格、婚姻、爱情、职场、财富、人际、健康等方面，以诙谐的情景引入测试，融合了独到的测试分析，引人深思的测试点拨，帮助你全面、客观地认识自己及他人，学会解决生活中出现的各种问题，轻松驾驭生活，从而拥有健康的身心、和谐的家庭、满意的工作、圆融的人际关系、完美的心态和成功的人生。

翻开本书，你将进行一次有趣的心灵之旅。你在游戏中可以发现，游戏并没有我们想象中的那么单一，心理学并没有我们想象的那么高深，而那些难解的生活现象本质上也没有那么深奥。游戏可以让心理学知识脱去以往的枯燥外衣，以轻松、有趣的经历带领你在这次旅程中，尽情地体验心理学的奥妙。希望本书能让你在轻松的游戏中找到自己的方位，也希望这种心理游戏在带给你欢乐的同时，能给你更多的心灵启迪。

目　录

第一篇　自己的命运自己掌控——认识自我游戏

第二篇　探寻你的情绪能量——情绪心理游戏

第三篇　IQ巅峰大挑战——智商心理测试

第四篇　你的成功路还有多远——成功心理游戏

第五篇　洞悉人性弱点，透视博弈之道——人性博弈游戏

第六篇　不可不懂的交际艺术——社交心理游戏

第 一 篇

自己的命运自己掌控
——认识自我游戏

第一章　揭开假面，认识自我

自我分析游戏

游戏目的：

1. 增强对自我的认识，了解自己的差距。
2. 找出指导自我学习的最佳方法。
3. 理解这种方法如何应用于团队分享。

游戏准备：

人数：10～15人。

时间：10分钟。

场地：室内。

材料：分析表。

游戏步骤：

1. 主持人给每个人发一张分析表。
2. 人们把自己的优势、劣势、威胁及机遇填在分析表中。
3. 人们组成小组与其他成员分享自己的心得。

【游戏心理分析】

认知自我是对自己的一种肯定。这是心理的一种自我认识状态。自我认知感强的人通常对自己有相当清楚的了解和自知，对自己的优点和缺点知道得一清二楚，善于扬长避短。对自己的优点有了一定程度的了解，可以在适当的时机把自己的优点最大化，对缺点的认知可以让人们减少犯错误的几率。懂得自我的人对自己充满了信心，坚信付出就会有回报，所以会脚踏实地地为自己的目标奋斗。

讲究实际，注重现实，才能不会沉湎于虚无缥缈的幻想之中。现实的人遇事镇静沉着，对事情的判断坚决果断，但不能综观全局的弱点往往使他们收获甚微。

自我评估

游戏目的：

1. 训练人们评估其行为和态度。
2. 激励参与者检查其能力和成长的情况。

游戏准备：

人数：不限。
时间：20 分钟。
场地：室内。
材料：学习资料、笔。

游戏步骤：

1. 每一位参与者会收到一份资料《衡量你的贡献》（见附件）。参与者在 10 分钟之内完成。

2. 让参与者以三人或者四人的小组进行合作，分享他们的评估结果，时间为 10 分钟，相互间按以下的每一条陈述给予反馈：

(1) 是的，我对你的评价跟你对自己的评价一样。

(2) 我想，你在这儿低估了自己。比如……

(3) 在这方面，我的经验是你……（肯定的例子）。我想，你如果……你能在这方面为团队作出更大的贡献。

3. 让每个人确定并在团队中分享他（她）在团队作出的积极贡献，以及对个人改进行动的承诺。

附件

衡量你的贡献
请根据你认为其与你相符合的程度对以下每一条陈述作出回答。
1. 从不

2. 偶尔

3. 通常

4. 一直

如果选择 3 或 4，在"证据"下面给出例子。

1. 我投入地参加团队的会议。

证据：

2. 我表现出了积极的态度。

证据：

3. 如果我关注某件别人已说过或做过的事，我会直接找那个人而不是与别人谈论它们。

证据：

4. 我能谦虚地听取别人的意见。

证据：

5. 我真诚地祝贺别人的成功。

证据：

6. 我对自己同意做的事能坚持到底。

证据：

7. 我面对非团队成员时能积极地维护我的团队形象。

证据：

8. 我愿意分担更多的工作。

证据：

9. 如果事实不清楚，我认真查清，而不是凭空设想。

证据：

10. 我寻找机会让别人成为"明星"。

证据：

11. 我不拖延时间。

证据：

12. 不管是什么，只要是需要做的，我都主动去做。

证据：

对于不符合你的描述，问问你自己：这是我要做的事吗？如果是这样，对此事的行动作出个人的承诺。

【游戏心理分析】

自我评估可以让人们对自己的形象有一个正确的认识。健康的自我形象，会导引我们走向自尊、自信、自爱的人生。一个健康的自我形象，可以让人们的内心深处多一些安全，在心理安全感的保护下，人们就会多一些快乐，多一些勇敢，多一些聪慧，多一些勇气。自我思索也让人们多一些认清自我的机会，思索"真我"最大的优势在哪里，真正的目标在哪里，能不能把所有的资源都用到自己的优势上，朝向矢志不渝的目标奋进。

自我评估是一种普遍的心理，对自己正确的评价是最有效的心理调节。具体来说有如下方法：

1. **内省法**

内省法即用自我观察的方法来研究自身的心理现象。自私常常是一种下意识的心理倾向，要克服自私心理，就要经常对自己的心态与行为进行自我观察。观察时要有一定的客观标准，如社会公德、社会规范和榜样等。强化社会价值取向，对照榜样与规范找差距，并从自己自私行为的不良后果中看危害、找问题，总结改正错误的方式方法，是内省法的重要内容。

2. **回避训练法**

这是心理学上以操作性反射原理为基础，以负强化为手段而进行的一种训练方法。通俗地说，就是凡是下决心改正自私心态，只要意识到了自私的念头或行为，就可用缚在手腕上的一根橡皮筋不停地弹击自己，从痛觉中意识到自私是不好的，促使自己纠正。

认识自我的游戏

游戏目的：

检测你是如何看待自己的。

游戏准备：

人数：不限。

时间：不限。

场地：室内。

材料：白纸、笔。

游戏步骤：

1. 给每人一张白纸，把纸纵向均匀地折叠成四部分，形成比"川"字还多一竖的折痕。

2. 在第一列把以下各项一一写出，身高、体重、相貌、文化程度、性别、性格、人际关系、职业、配偶、家庭、收入、爱好、住宅面积、理想抱负……

3. 在第二列的上方从左至右写上：真实的我、理想的我、别人眼中的我。

4. 按照刚才列出的条目在第三列和第四列填上答案。具体填法有两种：

一种是竖填，也就是说，先一鼓作气地填出真实的自己的情况。比如你是一位男士，身高 172 厘米，体重 65 公斤，相貌中等，文化程度是大专……填完了第一竖列，你的大致情况就勾勒出来了。

然后再填右边的那一栏，就是"理想的我"，建议你也一气呵成。期望自己怎样，就大大方方地写出来，不必担忧它是否可行。比如身高，你希望自己高大如 NBA 球星，不妨就写个 198 厘米，还觉得不过瘾，填上 222 厘米也无妨。如果一个女士期望窈窕如模特，也可以大胆设想身高 175 厘米，体重 48 公斤。至于相貌，可大笔一挥写上"刘德华"或"凯瑟琳·赫本"。总而言之，你怎样想，就老老实实写出来。照此接着填第三栏。

另一种方法就是横填，将真实的我、理想的我、别人眼中的我三项对照着填。

【游戏心理分析】

做完这个游戏，你会发现，我们每个人对自己的评价和自己的理想之间，竟有那么大的差距。95％以上的人都嫌自己的个子不够高，太胖或太瘦，相貌不够俊秀，出身不是名门望族……归根到底一句话——世上有一些事情可以改变，也有一些事情不能选择。

一个敢于真正面对自我的人，才能冷静清晰地直面自己的缺点和优点，才能将自己真实的一面展示出来。这其实是一种心理态度，也是一个人的个人态度。态度是人们对某一种事物的评价和准备行动的心理倾向，含有认知、情感以及意向等方面。坦白面对自己的人，必定是一个敢于面对生活的人。

形象卡

游戏目的：

使人们互相分享对彼此的看法。

游戏准备：

人数：不限。
时间：20 分钟。
场地：室内。
材料：每人 1 张白纸卡片、1 支笔。

游戏步骤：

1. 将人们分成 8 人一组，每个小组围成一圈。
2. 每个成员将自己的姓名写在卡片上，并画出自己印象最深的一幅图画。
3. 将卡片交给自己旁边的人，这样，每人拿着的就是另一成员的卡片。
4. 拿到别人的卡片后，请在卡片上填写自己对留名人的第一印象。
5. 将填完的卡交给另一人填写，以此类推。
6. 将填满的卡片交到主持人手上。
7. 收集齐所有卡片后，主持人再发回留名人本人。给大家 4 分钟时间看卡片，然后展开讨论。

【游戏心理分析】

每个人对自己的形象都有认知。形象，是人们的第一张名片。它是你给别人的第一感觉。通过这个游戏，我们对自己的形象可以有一个深切的了解。形象虽然是外在的一种因素，但是，良好的形象会给人一种积极的心理暗示。这种积极的因素会在人们的脑海中产生一些现成的信息，这也是一种提示，无形中会夺走人们的判断力，这种形象指引会无形中对人们的思维形成一定的导向。

所以一个人的形象对自己来说很重要。形象是你的一个品牌，不要毁了自己的名片。

才能清单

游戏目的：

使人们能够对他人及自己的能力与特点形成系统性的认识。

游戏准备：

人数：20 人左右。

时间：20 分钟。

场地：室内。

材料：纸、笔。

游戏步骤：

1. 让人们写下自己的名字，在每个名字下面列出他（她）的能力和才干。这些才干不一定体现在工作中，也不一定经常展现出来。

2. 在房间四周为每个人贴一张大彩纸。

3. 让人们拿着他们建立好的清单，将他们已确定的那些才干描述写到大彩纸上。

4. 以组为单位检查这些列表，确保每张列表中的每一点都被注意到。主持人询问正在讨论其才干的人们，他们是否有什么才干被忽视了。如果是这样，将它们添加上去。对每一张列表确定以下两点：

（1）游戏中正在全力开发的才干。

（2）游戏中未全力开发的才干。

5. 为每个人至少选择一个未全力开发的才干，向小组询问："如何更好地使用此才干？"

6. 对每个组依次提出这些问题，并检查多数人的意见。

（提示：将人们各自的才干清单让他们自己保管，建议他们将这些清单张贴出来，以提醒他们在整个游戏中充分利用他们的这些才干。）

【游戏心理分析】

了解自己的人才能对自己有一个系统的认识。一个人的才能，是指任何你能运用的才干、能力、技艺与人格特质。这些优点是你能有所贡献、能继续成长的要素。所以我们要善于发现自己的才能，并强化自己的优点，使其真正为自己的发展服务。

猜猜我是谁

游戏目的：

训练人们熟练使用封闭式问题的能力，利用所获取的信息缩小范围，从而达到最终目的。

游戏准备：

人数：20人左右。

时间：30分钟。

场地：不限。

材料：四项写有名人名字的高帽。

游戏步骤：

1. 横着摆放4把椅子，将人们分成4组。

2. 每组选一名代表扮演一位名人坐在椅子上，面对小组的队员们。

3. 主持人给坐椅子上的每一位名人戴上写有名人名字的高帽。名人的名字可以任意选择。

4. 每组的组员除了坐在椅子上的人不知道自己是什么名人外，其他人都知道，但谁都不能直接说出来。

5. 从第一个戴着写有名人名字帽子的参与者开始猜，他必须要问封闭式问题。例如，"我是……吗?"如果小组组员回答"是"，他还可以问第二个问题。如果小组组员回答"不是"，他就失去机会，轮到2号发问，以此类推。

6. 最先猜出自己是谁者为赢队。

【游戏心理分析】

封闭式问题很容易让人们在问答时产生紧张心理。人们在紧张的状态下，大脑就会处于停滞状态，很容易发挥失常。在这种情况下，坦然地面对人们的问答，冷静地面对突发状况的人，才能在陷入心理困境的时候，掌握住调试的方法。

重塑自我

游戏目的：

这个游戏训练人们面对竞争时要采取"以退为进"的方法去面对。

游戏准备：

人数：20人左右。

时间：10～15分钟。

场地：不限。

材料：每个参与者一张白纸、三张索引卡片、一支钢笔或铅笔。

游戏步骤：

1. 让游戏的参与者想出三件他们最喜欢做的事情，并把它们分别列在三张索引卡片上。要求他们一定要写得比较具体。例如，不应该写"吃东西"，应该写"吃韩国料理"；应该写"垒球"或"篮球"，而不是"体育运动"。

2. 在每项活动下面，让参与者列出他们喜欢这项活动的主要原因。对于"吃韩国料理"，原因可能有"因为它很清淡，而且非常好吃"；或者"因为它总是被那么优雅地端上来"；或者是"因为它和美国食品是那么不同，我喜欢多种多样"；等等。让他们列出所有他们能想到的理由，但不要给其他人看到。

3. 现在，将游戏的参与者分成两人一组分别为 A 和 B。

4. A 装扮成一名著名的巫师，凭他的惊人的直觉猜一猜 B 喜欢这项活动的原因。问题是，A 作为巫师似乎很糟糕：通常，A 的估计与实际情况只有一点儿牵强附会的联系。

5. B 绝对不可以不同意巫师说的话，无论巫师说什么，B 必须全心全意地接受。

6. B 首先看一下索引卡片，可能说道："我喜欢到舞厅跳舞。"

7. A 立即说："你当然喜欢。"然后继续提供一个"不寻常"的解释，"那是因为在舞厅跳舞能吃到非常好吃的点心，而且你喜欢吃点心，特别是流行的水果馅饼。"

8. 无论巫师说的话多么奇特，B 现在必须同意并确认："是的。"B 也许会说:"那是一个促进食欲的好方法,而且还能碰到熟人。事实上,我碰到过我最好的朋友小明。我们都在休息的时候一道去吃时髦的水果馅饼。"

9. A顺着B的解释接着说下一句,如:"你的朋友琳达更喜欢吃硬饼干类的点心。"

10. B确认后,继续谈话。在谈话过程中,B可以选择另外一个活动的索引卡片,请巫师猜一猜他喜欢这项活动的原因。

11. 给每组大约三分钟进行对话,然后后交换角色。A选择一张索引卡片,讲一件事,如"我喜欢放风筝。"B——新的糊里糊涂的巫师说:"你当然喜欢!那是因为海鸥喜欢追逐风筝!"A回答:"确实,当我带着风筝出去的时候,我看见许多海鸥。它们好像最喜欢蓝色。"

【游戏心理分析】

这是一个"重塑自我"的游戏,在游戏的过程需要大家放弃预先制订的计划,以便更好地跟大家沟通。参与游戏的人要根据外围环境的变化调整自己的想法和语言。这就是说,他们一定会认真地听取周围人的观点,调整他们事先形成的想法,以适应他们的搭档的想法。对这种情况最好的处理技巧是,为了使他人的想法看上去很好,你并不需要抛弃你自己的想法,只是将你的想法暂时搁置,留待以后处理。

在这个游戏中为了使他人的想法更完美,我们需要暂时搁置自己的想法来成全他人。这种"退一步"的做法在竞争中也时常出现。

在竞争中消除所有的竞争对手,最大限度地占有资源,始终是人们的不懈追求。然而采用何种策略才能在保全自己的情况下击败对手?经常采用的方法是"以退为进"。如何采用以退为进的战略呢?大家可以从以下几点入手:

第一,对目前的处境不要躲避。既然已经陷入困境,就要勇敢地面对它。

第二,分析当时的客观情况,如果确实没有其他更好的途径可走时,就可选择以退为进,大方承认自身目前所处的困境。

第三,不能仅仅满足于对困境的承认上,还要想方设法将坏事转化为好事。

角色互换

游戏目的:

通过游戏认识自己眼中的我及他人眼中的我。

游戏准备：

人数：不限。

时间：不限。

场地：团体活动室。

材料：A4 纸、笔。

游戏步骤：

1. 发给每位参与者一张 A4 纸。

2. 将参与者两两分组，一人为甲，一人为乙（最好两人相互不熟悉）。

3. 甲先向乙介绍"自己是一个什么样的人"，说了一个缺点之后，就必须说一个优点，乙则在 A4 纸上记下甲所说之特质，历时 5 分钟。

4. 5 分钟后，甲乙角色互换，由乙向甲自我介绍五分钟，而甲做记录。

5. 5 分钟后，甲乙两人取回对方记录的纸张，在背面的右上角签上自己的名字。

6. 将三小组或四小组并为一大组，每大组有 6 至 8 人。由两人小组中负责统整的人向其他人报告小组讨论的结果。

7. 分享后，主持人请每个人将其签名之 A4 纸（空白面朝上）传给右手边的同学。而拿到签名纸张的人则根据其对他的观察与了解，于纸上写下"我欣赏你……因为……"。写完后依序向右转，直到签名纸张传回到本人手上为止。

【游戏心理分析】

在这个游戏中，介绍自己的优点与介绍自己的缺点同样困难。在别人面前，我们都担心自己的优点能不能得到别人的认同。这也是一种从众心理反应。当个人的感觉与群体中的感觉不一致时，个人就会有强烈的动机怀疑自己的判断和决策。这样人们会在短时间内作出拒绝自己感官作出的选择。人们在认同自己的同时，要从心理上肯定自己。做到真正的心理认可，才不会轻易改变自己的决策，从而认识真实的我与接纳真实的我。

设定自我目标

游戏目的：

通过设定自我目标，达到自我激励的目的。

游戏准备：

人数：不限。

时间：40 分钟。

场地：室内。

材料：问卷表（见游戏步骤）。

游戏步骤：

发给每人一份问卷表，让他们用 40 分钟填写。主持人要提前打印出问卷表。

1. 目标对于我们为什么那么重要？列出三项理由。

2. 假如你还没有设定目标和行动计划，以下四个原因是否是你内心的写照：

（1）不了解目标的重要性

（2）不知道如何设定

（3）害怕被别人或环境拒绝的恐惧感

（4）对失败的恐惧

这些原因中，哪一个是你无法设定目标的主要原因？你打算如何处理这些原因？

3. 害怕失败的恐惧感是人们为什么会失败的主要原因，但是要成功就一定会先失败，失败对成功来说是必经的阶段。

想出三件因为对于失败的恐惧感，在你的个人生活、职业生涯与你的财务处理上，使你无法达到自己想要的结果。假如你不断认为"我不能"，你还能要求自己做什么？

4. 你可以从每一个挫折中学习，将失败转换为成功。请列出三项你经历过曾令你非常沮丧的事情，至少举出一件你学习到最有价值的经验。

5. 每个人都有独特的才能，每个人都要找到这种才能。

（1）什么样的话题最能吸引你的注意力？你在逛书店的时候，会拿起什么书来看，你又会忽略什么书？电视上所报道的哪一种新闻，你绝对不会错过？

（2）你最喜欢做什么事？

（3）你发现自己最能够完全地吸收、接受什么样的事情？

6. 当你设定目标时，平衡的概念非常重要。

当你写下目标时，请记住：

目标必须是你能做，能拥有，能成为的事情。

目标必须是你极端渴望获得的事情。

目标必须是可以衡量的。

目标必须是在你控制之下的。

目标必须是很明确的。

目标必须是以积极自我确认的语气，肯定地表达出来。

请利用以上的指导纲领，在以下每一个领域中，写下3~5个目标：

个人/家庭的目标：

事业/职业的目标：

自我成长的目标：

7. 在你所写的目标中，找出一个目标，这个目标在现在看来，对你能否获得成功是最重要的一个目标。

这个目标必须是可以衡量的，是很明确的，是最具体的，很可能会变成你的生活宗旨。

以下所做的练习，是为了要帮助你看清楚你的目标，并集中注意力在你的生活宗旨上。最好是你能够每个月做一次这个练习，直到你能立刻回答每一个问题为止，这些问题是：

在你生活中，你认为哪五件事情最有价值？

在你的生活中，有哪三个最重要的目标？

假如你只有六个月的生命，你会如何运用这六个月？

假如你成为百万富翁，在哪些事情上，你的做法会和今天不一样？

有哪些事是你一直想做，但不敢尝试去做的？

在生活中，有哪些活动是你觉得最重要的？

假如你确定自己不会失败，你会敢于梦想哪一件事情？

【游戏心理分析】

设定自我目标，是对自己未来的一个规划和自我激励。为自己设立目标，它源于人们对生活本身的崇敬和珍重。目标可以让我们的生活变得更为丰满。有了目标，生活才会有规划的进行。有目的的人生是井然有序的。但是，设立目标的时候，要面对现实，不要为自己设立一些空而大的目标，这样自己不仅实现不了，还会给生活带来无形的压力。目标实现的可能性越小，对自己的认可心理就会越小，这样会导致恶性循环，让人们陷入悲观失望的泥潭。

优点与缺点

游戏目的：

真正地了解和认识自己的优点和缺点。

游戏准备：

人数：不限。
时间：不限。
场地：不限。
材料："优点与缺点"表格，每人一支钢笔。

游戏步骤：

1. 告诉所有参与者，他们将有机会对每一个人的优点与缺点进行反馈。这是一项保密的活动，没有人被告知他的优点与缺点是谁写的。

2. 给每个人一张"优点与缺点"表格，并告诉他们每人为其他人至少写出一条喜欢或不喜欢。

3. 写完后，主持人将意见汇总，念出写给每个人的意见。

【游戏心理分析】

这个游戏可以调节人们的精神状态和认知。人们都希望自己的心理处在和谐的状态。一个成功的人知道别人的优点，也知道自己的缺点，并且可以克服自己的缺点。有缺点并不可耻，隐藏自己的缺点，不能与他人彼此了解，这才是真正的可耻。世上没有十全十美的人，最重要的是清楚自己的优点与缺点，并能扬长避短。

让别人了解自己

游戏目的：

通过游戏了解彼此的感受。

游戏准备：

> 人数：不限。
> 时间：不限。
> 场地：不限。
> 材料：纸、笔。

游戏步骤：

> 1. 将参与者分为两人一组，面对面坐下。
> 2. 请两人中的一人写下最近发生的一件事，由另一人辨识他的情绪是：愤怒、伤心、快乐、紧张、烦躁。
> 3. 写下事情的参与者叙述此时的感受，如"我很开心"，由另一人来确认其想法背后的原因，如"你是因为快要升职了吗"？
> 4. 每个人必须获得对方三个肯定的回答才算过关，然后再交换角色。
> 5. 大家表达参与活动的感受。

【游戏心理分析】

让一个人了解另一个人的感觉是非常美妙的一件事情，但要真正了解一个人的内心，沟通是很重要的。

在很多情况下，我们常常感情用事，不够理智，不懂得换位思考，这为我们带来了许多麻烦，所以我们应该以一颗包容的心，忍受别人不合理的行为和各种不顺心的情况，学习去欣赏并接受不同的生活方式、文化等。如何培养换位思考的能力呢？要做到以下几点：

第一，要有"同理心"。同理心是一个重要的心理学概念。它是说，你要想真正了解别人，就要学会站在别人的角度来看问题。在人际的相处和沟通中，"同理心"扮演着相当重要的角色。用"同理心"指导人的交往，就是让我们能设身处地地理解他人的情绪、处境及感受，并迫切地回应其需要。可见，"同理心"是同情、关怀与利他主义的基础，具有"同理心"的人还能从细微处体察到他人的需求，从而发现商机。

第二，正确地表达自己。表达自己在换位思考中也是至关重要的。了解别人固然重要，但我们也有义务让自己被人了解，这通常需要相当的勇气。在商业活动中，只有被人理解，我们的商业策略才有可能被执行。

流星雨

游戏目的：

1. 让人们学会挑战自我。
2. 培养人们的竞争意识。

游戏准备：

人数：不限。

时间：20～30分钟。

场地：空地。

材料：1件可以扔的东西（如比较软的球、飞盘、打了结的旧毛巾、钉在一起的旧报纸等）。

游戏步骤：

1. 主持人需要将队员划分成若干个由20～30人组成的小组。让每个队员从材料中找到一件可以扔的东西。

2. 每人手里都有了1件可以扔的东西之后，让小组队员面向圆心站成一个大圈。

3. 邀请3个参与者站在圆圈的中心，这3个参与者要背对背，站成一个紧密的小圆圈。

4. 主持人对站成大圆的队员们说："听我数到3后，大家要把手中的东西一齐高高抛给这3个站在中间的人。"并告诉站在圆心的3个人："你们的任务是尽可能多地接住抛过来的东西。"

5. 大喊："1——2——3，抛！"

6. 检查3个人各接住了多少件东西。

7. 让3个人回到原位，另外请3个人站在中间，重复前面的步骤，直到每个人都已得到过一次站在中间的机会。

8. 重复整个游戏过程，告诉人们这次他们需要打破自己先前的"接球"纪录。

【游戏心理分析】

在挑战自我的过程中，我们面对的最大敌人就是逃避。许多人面对困难，

— 17 —

会不自主地逃避。有人说，"人生最大的错误是逃避"。的确，在成功的道路上，逃避是一个极大的障碍。心理学家认为，逃避心理是一种"无法解决问题"的心态和没有勇气面对挑战的行为。

如果一个人不能在重大的事情上接受生命的挑战，他就不可能有快乐的感觉，同样，也不可能摆脱这些困扰。

我有一个梦

游戏目的：

通过想象放松自己的情绪和情感，将自己最好的一面呈现出来。

游戏准备：

人数：不限。
时间：不限。
场地：不限。
材料：笔和纸。

游戏步骤：

1. 让大家进入放松状态，自由地呼吸并闭上眼睛。主持人用舒缓的语调复述下面的内容：

"自由呼吸，心无杂念。我将带你进行一次想象之旅。集中注意力于我的语音，并感觉你的身心开始越来越放松……继续放松……你周围是一片黑暗……你完全被夜色所包围……你感到温馨、放松和自如。集中注意力于你的呼吸，轻松地慢慢呼吸。集中注意力于你周围的令人舒服的夜色，在远处，你仿佛看到了一个圆圆的小物体。慢慢地、逐渐地，它离你越来越近，最后离你只有1米远；它悬挂在黑夜中，就在你的眼前。这个物体上有一个钟表，它的时针和分针都指向了12，这是一个普通的表，普通的有黑色指针和普通的……白色的……表盘。

"当你继续集中神志于表盘和指向12的指针的时候，你开始感到时间好像开始凝固了。现在，慢慢地，分针开始沿着表盘走动，开始的时候很慢，然后稍快，后来更快。在几秒钟的时间之内，它已转了一圈，时针现在指向1点了。分针继续转动，而且速度越来越快，因此时针也从一个数字跳到另一个数字，速度越来越快……当指针继续绕着表盘旋转的时候，你感到自己正被轻轻地拉……轻轻地被拖进未来之城……当你穿越时间的时候，缕缕的空气轻轻地擦着你的肌肤……直到最后，你开始慢下来……表针终于停下来了，整整 10 年已经过去了。

"你向左边的远处看去，你看到在光亮的地方有个人。那个人就是你，10年后处在理想的工作环境中的你。对你来说万事如意。将你的意识融到未来的你身上，感受未来的温馨和积极。现在环顾四周，谁和你在一起？你看到了什么样的工作环境？你看到了什么样的设施和家具？周围的人们在说什么？这里有一扇窗户吗？你能看到窗外吗？如果能，你看到了什么？尽量集中神志于声音，让意象越来越清晰。集中神志于你能看到的、感觉到的和听到的细节，并让自己感受未来的你的成就和纯粹的满足。

"当你又被轻轻地拉向黑暗时，光明之地开始暗下来……当我告诉你睁开眼睛时，你将重新回到现在，你将回忆起你美好的未来形象，那些美妙的成就感和满足感将在心中留驻……好了，慢慢地、慢慢地，睁开你的眼睛，你又回到了现在。"

2. 让参与者记下某些意象中的细节。让他们写下一个简短的计划，表明从现实到想象意象的过程中，他们有什么收获。

【游戏心理分析】

这是一个充分激发人的想象力和生活热情的游戏，通过憧憬美好的未来，你可以暂时忘掉压力和不愉快，得到一定的放松和休息。同时，对未来的憧憬也不会白费，你可以带着这份美好的希望投入到学习和工作中，潜移默化地向着这个目标奋斗。

有希望生活才会充满活力。一个合理的理念会引起人们对事物适当的思考和行为反应。不合理的理念会导致不适当的情绪和行为反应。想象力也是如此。人们通过对未来合理的想象和憧憬，从自己的意愿出发，带着希望和美好，也就能更乐观、坦然地面对自己。

【心理密码解读】

全面认识强大的自我

1. 认识自我

"我是谁？"我们会经常问自己，许多人的答案都是一个放大的问号。成功学者拿破仑·希尔认为，随着科学技术的日益发展，我们不断地了解着未知世界，可我们对自身的探索却始终停滞不前。了解自己，才能认识整个世界，才能接受世间的一切。我们经常企图通过别人的评价来了解自己。可是，自己才是自己最好的知己。

任何一位成功者，必定对自己有一个清醒而正确的认识。谁若看不清自己，必将成为一个失败者。

2. 看重自我

做一个重要人物，我们首先必须看重自己，然后才能赢得他人的尊重。

3. 你的伟大超乎想象

很多哲学家都忠告我们：要认识自己。但是大部分人都把它理解为：仅认识你那消极的一面。大部分的自我评估都包括太多的缺点、错误与无能。

认识自己的缺点是很好的，但如果仅认识自己的消极面，就会陷入混乱，使自己变得没什么价值。

以下的练习可帮助你正确地衡量自己。

（1）确定你自己的五项主要资产。可请一些较客观的朋友来帮助你。例如，你的妻子、你的长辈或教授，保证他们能够明智忠实地提出意见。通常列出的资产项目可包括：教育、经验、技能、仪表、和谐的家庭生活、处世态度、品行等。

（2）在每一项资产下，写出三位已经获得巨大成就的人物，但是这个人在这项资产上仍比不上你。这时，你就会发现你至少某一项资产比许多成功者强。

唯一的结论是：你比你想象中的自己要伟大。所以，不要看轻自己。你也能像他们一样成功。

总之，思想远大的人很善于在自己和别人心中，创造出乐观积极富有展望性的画面。

你自己想要发展多大的价值，取得多大的成就，你就得树立多大的志向、多大的理想。成就伟大的事业与鼠目寸光是格格不入的。许多人一事无成，就是因为他低估了自己的能力，妄自菲薄，以致无法成就大事业。

第二章 认识你的生命价值观

师傅的临别赠言

游戏目的：

启发人们对自身的价值应有充分的自信，并积极地应对考验。

游戏准备：

人数：不限。

时间：10 分钟。

场地：室内。

材料：一块石头。

游戏步骤：

1. 主持人向人们展示石头，然后开始讲"徒弟卖石头"的故事：

相传东汉时期，一个徒弟在师傅那里学艺三年，学成之后准备下山。临行前，师傅将徒弟叫到自己屋中，从箱子里找出一块石头放到了徒弟的面前。

看着石头，徒弟十分不解地问："师傅，你拿这块石头做什么？"

"徒儿，你在师傅这里学艺三年，现在就要下山去闯荡了。走之前，再帮师傅做件事吧。在这件事中，蕴涵着师传给你的临别赠言。"

"什么事情，师傅？"

"你拿着这块石头到山下的集市上去卖，但记住：不管别人出多少钱，都不能将石头卖给他！"

徒弟感到更糊涂了，但转念一想："师傅既然这么做，自然有他的道理。"于是，没再问什么，拿着石头下山去了。

一天快过去了，快日落的时候，一个带小孩的女人问徒弟："小伙子，这块石头卖吗？"

"是呀!"徒弟答道。

"这样吧,我出五文钱买这块石头。我想拿回去给丈夫做镇纸。"

"一块普通的石头居然有人愿意花五文钱买,真是不可思议。"徒弟暗自想。但想到师傅的话,徒弟回答:"不卖,不卖。"

"我再加一文,六文钱可以吧。"

"不卖,不卖。"

女人没有办法,摇摇头,走了。

天黑后,徒弟回到山上,师傅问石头卖得怎么样,徒弟如实做了回答。听完,师傅没说什么,只是叫徒弟第二天到十里外的镇上继续去卖石头。

第二天到了镇上,徒弟就听说当铺的老板特别喜欢稀奇古怪的东西,心想,不妨到那里碰碰运气。当铺老板将石头仔细端详了一番后,说:"小伙子,我愿意出五百两银子。"

徒弟被当铺老板的话吓了一跳:一块石头值五百两银子?

当铺老板看着石头,自言自语道:"这块石头是经几百万年才形成的化石,再加上天然的形状,确是稀有之物。"

闻听此言,徒弟忙说道:"不卖,不卖。"

回到山上,徒弟将事情告诉了师傅。听完,师傅依旧没说什么,只是叫徒弟第三天到三十里外的珠宝店继续去卖石头。

第三天,徒弟一路小心翼翼地拿着石头,心想这可是五百两银子呀。

到了珠宝店,徒弟说明来意。店老板拿着石头开始仔细端详,足有一个时辰。

一个时辰后,珠宝店的老板说:"小伙子,我愿意用我所有的商铺来购买你的石头。"

徒弟惊呆了,下意识地重复了一遍老板说的话:"你是说所有的商铺?"

"没错,是所有的商铺,包括三个珠宝行、两个当铺和一个百货店。这块石头确实珍贵无比,尽管它的外表很像普通的石头,但里面是一块价值连城的宝玉。"

"不卖,不卖。"

"如果你嫌少,那就再加上我所有的田产。"

"不卖,不卖。"

当徒弟回到山上的时候,浑身已经湿透了。听完了事情的经过,师傅问徒弟:"徒儿,卖了三次石头,你是否悟到了师傅的临别赠言?"

2. 主持人讲到这里，向大家提问："师傅给徒弟的临别赠言到底是什么?"

【游戏心理分析】

从这个游戏中，我们知道，人生中最宝贵的不是金钱、不是耀眼的地位和名利，而是人们在生活中坚持自己的价值。生活中总会有许多考验和磨难，面对别人的质疑，我们一定要坚持自我，坚定自己。这样才能实现自身的价值。

做，还是不做

游戏目的：

1. 展示出我们在游戏中经历的内心活动。

2. 说明自信的人往往能准确地识别值得称赞的行为，并预测出这些行为的结果。

游戏准备：

人数：不限。

时间：10分钟。

场地：室内。

材料：纸、笔和3张提前写好的标语牌。

游戏步骤：

1. 请大家想想，当我们处事不够自信时都会选择何种理由，并把理由写在题板纸上。

2. 再让大家想想，为什么有人选择自信的行为。

3. 让人们提出一种情况，在这种情况下，人们很难充满自信。

4. 让小组3人并排坐在一起，面对其他人。中间的参与者将扮演一个能合情合理地决定是否应具有自信的人。

5. 把写有"做"的标语牌交给右边的人，把写有"不做"的标语牌交给左边的人。

6. 游戏现在开始。"做"和"不做"分别用大家在第1步和第2步里想出来的理由，不停地向中间人的耳朵里灌输自己的论据，努力说服他选择自己这一边（他们如果没有理由可说了，可以向其他人寻求帮助）。

7.5分钟后，停止争论，请中间的人做决定。为这3个人鼓掌，并请他们回到座位上去。

【游戏心理分析】

在这个游戏中，通过这些争论，在自信不自信的选择中，我们的内心有着很大的起伏和变化。在这些争论中，你需要通过自己的判断看哪些论据更理性，哪些论据更感性以及哪些是最有说服力的论据？自信的人懂得根据自己内心的揣摩作出最好的决策。

一个自信的人不只看自己的短处，更能看到自己的长处。否定自己是对潜力的扼杀，是能力发挥的障碍。虽然我们不能盲目乐观，但起码要看到自己的长处。发现了自己的闪光点，在以后的交往中就可以扬长避短。不自信还表现为害羞，其实，只要鼓起勇气，敢于迈出第一步，伴随着从未有过的成功体验和对自己的重新评价，便会开始相信自己的能力。等人们对自己形成一个比较稳定的自我肯定模式，不自信的心理就会悄无声息地消失。

塞翁失马

游戏目的：

通过这个游戏，使人们认识到压力与挫折的两重性，遇事不再抱怨，而是去找寻事情中蕴藏的积极意义与机会。这个游戏还培养人们的积极心态，提高人们的挫折应对能力。

游戏准备：

人数：不限。

时间：10分钟。

场地：室内。

材料：无。

游戏步骤：

1. 主持人先给大家讲一个故事：

一个年轻人在教堂做杂工，他常想："如果自己能成为万能的上帝该多好。"

他的想法恰好被上帝知道了，上帝就从天上下来，对他说："我让你实现愿望，当几天上帝，不过你不可以说一句话。"

年轻人一听，非常高兴，不出声还不容易吗？他当然可以做到。

当天他就与上帝换了身份，上帝做杂工。一会儿，一个富人来教堂祷告，祈祷上帝保佑他可以赚更多的钱。说完之后，他向捐款箱里放了一点钱，然后转身走了，但在转身的时候不小心掉了一袋子的钱。做了上帝的年轻人想告诉他，但想到自己不能说话，只好忍住。

过了一会儿，一个穷人走进了教堂。穷人对上帝说："上帝呀，你帮帮我吧，我一家三口都要饿死了。"他祈祷完之后，在起身的时候，发现了地上的钱袋。这个人非常高兴，把钱拿走了。年轻人看了非常着急，他想提醒那个人，这钱是别人刚刚掉的。但想到自己不能说话，他只好再次忍住。

第三个来的人是一个航海员，他马上就要出海了，特地来求上帝保个平安。这时，第一个丢钱的富人回到教堂来找钱，看到航海员在这里，他以为是航海员偷了钱，要航海员还他的钱。航海员觉得莫名其妙，和富人争吵起来，后来两个人还打了起来。

这时候，假装上帝的杂工非常生气，那个在地上假装杂工的上帝为什么不说话呢？他认为自己一定要主持公道，于是来到教堂对富人说："你不要冤枉航海员，钱不是他拿的，是前面的一个穷人拿的。"

上帝这时候开口对年轻人说："你不是答应我不出声吗？"

年轻人为自己辩解道："为了正义我不得不出声。"

上帝接着说："是吗？难道你认为这就是正义吗？如果你真的想知道，那么就让我来告诉你什么是正义吧！这袋钱富人本来是要拿去嫖妓的，但那个穷人不但用这袋钱养活了自己的家人，还帮助了其他的穷人。航海员因为和富人打架，耽误了开船的时间，却躲过了一场灾难，保全了自己的性命。你现在告诉我，什么是正义呢？"

2. 感悟：我们在生活中面对一些困难和挫折，应该端正好心态去面对，上帝为我们关上了一扇门，也会给我们打开一扇窗。

【游戏心理分析】

从这个故事中，我们可以知道，面对压力和困难，我们要怀着积极的心态去面对。积极心态是一种健康的阳光心态。人们以积极的心态，虚心听取，思考，分析，反省，可以从生活中吸收有利于自己成长的营养，促进自己进步。积极心态表现为：

执著：拥有坚定不移的信念。

挑战：勇敢地挺身而出，积极地迎接变化和新的任务。

热情：对生活具有强烈的感情和浓厚的兴趣。

激情：始终对未来充满憧憬和希望，对现在全力以赴地投入。

愉快：乐于助人，懂得分享。

责任

游戏目的：

每个人在这个社会中都扮演着不同角色，承担着相应的职责，你能担负起这些赋予你的使命吗？通过这个游戏，看看自己的责任心有多强。

游戏准备：

人数：不限。

时间：10分钟。

场地：教室。

材料：白纸和笔。

游戏步骤：

参与者在自己面前的白纸上，根据自己的实际情况用"是""无法确定"或"否"来回答下面的问题。

1. 你是否坚信有付出才会有收获？

2. 你答应过的事是否能百分之百地完成，尽管困难很多？

3. 你有没有感觉到，现在就为退休以后的生活做经济上的准备是没有价值的？

4. 每次约会你都不会迟到吗？

5. 你会非常坦诚地告诉别人，你是个说话算数的人吗？

6. 你经常成为别人寻求帮助的对象吗？

7. 如果不能马上找到垃圾筒，你情愿把果皮一直拿在手上也不会随手扔掉吗？

8. 大多数时候，你的生活态度端正、勇于承担责任吗？

9. 你是否觉得自己很有爱心和同情心？

10. 你接到别人的来信后是否马上回复？

11. 当你必须早起时，你会提醒家人按时把你叫醒吗？

12. 你会定期看医生吗？

13. 丢东西对你来说是不是经常的事？

14. 你并不十分在意自己将来的发展，是吗？

15. 你会经常想方设法逃避不愿完成的工作吗？比如假装生病。

16. 在单位里拾到一些珍贵的物品，你会把它交公吗？

17. 你总是愿意把工作或学业拖到无法再拖时才去完成吗？

18. 大家都觉得你是一个性格随和的人吗？

19. 学生阶段，你是否有时候不去上课，而是去玩？

20. 你是否很难持续地集中精力去做一件事情？

21. 你是否很想过一种最简单、最真实的生活？

22. 你感到任何工作在开始阶段都是最难处理的吗？

23. 你是否经常喝得酩酊大醉？

24. 你是个整天快快乐乐的人吗？

25. 你是否偶尔有顺其自然的想法？

26. 你觉得"只要是有价值的工作，就能够被完成得很出色"的观点有道理吗？

27. 在评选班长时，你是否一直认为谁当选与我无关？

28. 在工作或学习中你是否经常粗心大意？

29. 你很热衷写时事评论或热点分析吗？

30. 你很关心自己的身体健康状况吗？

1～12题回答"是"得1分，回答"否"得0分，回答"无法确定"得0.5分；13～30题回答"否"得1分，回答"是"得0分，回答"无法确定"得0.5分。15分以上：你是个认真、仔细、稳重、可靠的人，责任心强，值得信任。15分以下：你做事不拘小节，随意性强，给人以漫不经心之感，经常爽约，任何让你办的事都可能出麻烦。

【游戏心理分析】

责任心无形，但责任宝贵，因为责任心要靠意志来维持。华丽的言辞代替不了理性的思考，诗意的浪漫无助于价值的升华。具有高度的责任心，靠着坚强的意志才能不断地超越，才能向着"成为自己"的目标不断奋进。不管从事什么工作，不管遇到什么困难，一旦具有这种坚定的意志，就能产生强大的责任心，就能战胜一切艰难困苦。

所以无论在工作中还是在生活中，都要有责任心，要敢于承担责任，不敢承担责任的人是没有立足于社会和发展自己的机会的。

乱网游戏

游戏目的：

提高人们解决问题的能力。

游戏准备：

人数：不限。
时间：20分钟。
场地：室外空地。
材料：无。

游戏步骤：

1. 分成若干小组，以10人一组为佳。让每组成员围成圆圈，站成一个向心圆。

2. 让其中一人先举起右手，握住对面那个人的手，再举起左手，握住另外一个人的手，人要分散。现在要求你们在手不松开的情况下，想办法把这张"乱网"解开。

3. 告诉大家一定可以解开，答案有两种：一种是一个大圈，另外一种是两个套着的环。

4. 如果实在解不开，可允许团队成员让相邻的两只手"断开"一次，但再次进行时必须马上"闭合"。

【游戏心理分析】

人们在生活中总会遇到困难，面对繁杂的问题，人们应该提高自己解决问题的能力。如何把握成功的规律、找出失败的症结，使自己在做人、做事方面更成熟、更完善、更顺利，是一个人必须经常思考、揣摩的问题。做人做事的规则具体包括以下几个方面：

1. 看不顺眼的不要太多。
2. 抛弃无谓的烦恼。
3. 善于保持冷静。
4. 做事有始有终，不轻言放弃。
5. 能屈能伸，不轻易被打倒。
6. 把光环留给别人。
7. 刚柔相济，能方能圆。
8. 讲究信用，诚信为本。
9. 不要以自我为中心。
10. 永葆一颗进取心。

剧毒篱笆

游戏目的：

培养人们的整体价值观。

游戏准备：

人数：不限。
时间：10分钟。
场地：空地，最好是草地。
材料：篱笆、棉垫子。

游戏步骤：

1. 用木棍竖起一个高约1～2米的三角形篱笆，篱笆刚好能够圈住小组的所有人，里面仅留下少量的活动空间。

2. 告诉人们这个篱笆上带有剧毒物质，所以碰触显然是不可能的。由于大家的身体会有相互的接触，所以有一人碰到毒物，与之接触的所有人均宣告阵亡了。

3. 大家的任务就是要通过这个篱笆（不是从下面钻）。

4. 由于篱笆太高，单靠自己的力量显然是不可能通过的，所以大家一定要互相帮助。

【游戏心理分析】

每个人的能力都有一定限度，如果大家互相帮助，就能够弥补自己能力的不足，达到自己原本达不到的目的，从而实现自己的价值。

面对生活中的难题，需要人们以一颗开放的心去面对。只要找到问题的症结，你就有可能仅凭自己的力量解决它。越是善于解决问题，你能得到的就越多。所以，树立正确的价值观，对我们来说是十分重要的。

木板过河

游戏目的：

锻炼人们的综合素质，培养人们正确的价值观。

游戏准备：

人数：12人左右，分成两组。
时间：30分钟左右。
场地：开阔的场地。
材料：凳子、木板。

游戏步骤：

1. 将人们分成两组。

2. 为每组准备6个凳子和一块木板，木板长约5米。将这6个凳子以稍微少于木板长度的距离分开，将木板交给每组的组长手里。

3. 宣布游戏步骤：每组的全部成员要依次通过这6个凳子，方法是借助木板。每个人踩上一个凳子后将木板搭于第一个和第二个凳子之间，通过木板到达第二个凳子。以此类推，直到通过六个凳子。第一个人过去后第二个人取回木板再过。中途不许有人帮忙，只可在终点接应，可以用话语指挥或鼓励。如果中途有队员落地或违规，那么这名队员将重新回到起点，重新开始。

4. 这个游戏采取竞赛的方式，即两组同时进行，以时间最短者为胜。

【游戏心理分析】

人们综合素质的提高是人们不断努力的结果。一个成功的人生与人们的综合素质密切相关。成功心理学在提高综合能力和人生价值上有四大指数：

1. 成功的欲望指数：你成功的欲望有多强烈，决定了你成功的速度、高度，你的"心有多大，舞台就有多大"。

2. 抗挫指数：挫折与挑战每时每刻都在我们成功的道路上，我们每天都可能会碰壁，关键是我们要有抗挫的能力。

3. 学习指数：21 世纪比的是学习力，一个成功的人一定是一个爱学习的人。不论学历有多高，我们一定要继续努力学习，只有成为内行、专家，我们才能做好自己的事业。

4. 执行力指数：设定了明确的目标，如果没尽自己的全力去做，则很难成功。

整体决策

游戏目的：

1. 判断一种物品的价值。

2. 介绍一种判断问题、解决问题的方法。

游戏准备：

人数：不限。

时间：30 分钟。

场地：室内。

材料：纸、笔。

游戏步骤：

1. 主持人首先确定一件需要大家进行推测的事物，例如，确定一件物品的价值。

2. 让所有的人们都对此物品作出自己的判断，给出一个可以自圆其说的解释，这一切都是在纸上进行的，人们相互不知道。

3. 将大家的判断公布于众，然后让人们在参考他人的判断之后，重新估计一下自己的判断。

4. 同样的过程再进行两次，然后让人们将自己的判断公布于众。最后我们会发现，大家的判断应该是一个非常接近真实值的判断。

【游戏心理分析】

一个物品的价值，不是由人们的主观因素决定的。很多时候，物品价值来源于其本身。但是，这也需要人们在物品面前有一个准确的判断力。有了精准的判断，人们才能对物品本身有一个合理的定位，这样才能合理地猜测物品的价值。

设计公司大楼

游戏目的：

建立核心价值观念。

游戏准备：

人数：30 人左右。
时间：25 分钟。
场地：室内（里面应有一张大桌子）。
材料：水彩笔、绘画纸。

游戏步骤：

1. 先将参与者分成若干个小组，每组 4～6 人。给每个小组一张绘画纸和一些水彩笔。为了更好地开展这项活动，建议大家围坐在桌子旁边。

2. 主持人告诉大家，他们现在工作的办公大楼将要重新建造，大楼的建筑结构将考虑员工们的建议。

3. 每个小组要为新办公大楼绘制一张草图或平面结构图或建筑蓝图。可以随意创作，鼓励所有小组成员参加，但整个小组在工作时必须保持绝对安静。个人不能与其他小组成员谈论他们的计划，更不能说出他们的设计构思。

4. 给大家 10 分钟时间，描绘他们理想的工作环境。

5. 就像在美术馆一样，把各组的画挂起来，请每个小组解释这幅画的构想。

【游戏心理分析】

许多构想来自心灵深处的潜意识。在设计大楼的过程中，人们充分发挥了自己的想象力。潜意识作为心理系统的最根本力量，也是本能价值的一种表现。生命价值在每个人身上的表现都是不同的，换句话说，每个人都有属于自己的生命价值，或者是对外表现自己，以期满足自己外在的需要，或者是满足自己精神方面的需求。潜意识最能体现出一个人的生命价值的方向。它无时无刻不在影响着人们的生活，也是隐藏在人们内心深处的潜力。

所以，人们应懂得认知，认识到价值对我们的重要性。

公平与不公平

游戏目的：

通过角色表演来体验公平与不公平。

游戏准备：

人数：6人。

时间：不限。

场地：室内。

材料：无。

游戏步骤：

1. 让6位参与者分别扮演小母鸡、牛、鸭、猪、鹅、村长，表演下面的剧情：

小母鸡在谷场上扒着，直到扒出几粒麦子，然后叫来邻居，说："假如我们种下这些麦子，我们就有面包吃了。谁来帮我种？"

牛说："我不种。"

鸭说："我不种。"

猪说："我不种。"

鹅说："我也不种。"

"那我种吧。"这只小母鸡自己种下了麦子。

眼看麦子长成了，小母鸡又问："谁来帮我收麦子？"

鸭说："我不收。"

猪说："这不是我们应该做的事。"

牛说："那会有损我的资历。"

鹅说："不做。"

"那我自己做。"小母鸡自己动手收麦子。

终于到了烤面包的时候，"谁帮我烤面包?"小母鸡问。

牛说："那得给我加班工资。"

鸭说："那我还能享受最低生活补偿吗?"

鹅说："如果让我一个人帮忙，那太不公平。"

猪说："我太忙，没时间。"

"我仍要做。"小母鸡说。

小母鸡做好 5 块面包并拿给邻居看，邻居们都要求分享劳动成果，说道："小母鸡之所以种出麦子，是因为在地里找出了种子，这应该归大家所有。再说，土地也是大家的。"但小母鸡说："不，我不能给你们，这是我自己种的。"

牛叫道："损公肥私!"

鸭说："简直像资本家一样。"

鹅说："我要求平等。"

猪只管嘀咕，其他人忙着上告，要求为此讨个说法。

村长到了，对小母鸡说："你这样做很不公平，你不应太贪婪。"小母鸡说："怎么不公平? 这是我劳动所得。"村长说："确切地说，那只是理想的自由竞争制度。在谷场的每个人都应该有份。劳动者和不劳动者必须共同分享劳动成果。"

从此以后，他们都过着和平的生活，但小母鸡再也不烤面包了。

2. 通过这个故事，你如何看待"公平与不公平"?

【游戏心理分析】

在这个游戏中，我们可以认识到，每个人都有自己的感受，有自己的喜好，这就不能保证一个人对其他任何人都公平对待。在生活中，我们如何面对这些不公平的状况呢?

要自我鼓励，培养自信。相信自己的能力，相信自己所作出的决定，即使面对不公平的状况，只要我们将自己很好的一面展现出来，就能得到人们的认可，不公平现象也会自动消失。

要调整自己的心理状态。不怕失败，在自我实现的过程中逐步改善自己的心理状态。

要学会宽容，用积极的态度去面对生活。

象棋真人秀

游戏目的：

帮助人们领悟团队分工协作的意义。

游戏准备：

人数：32。

时间：80分钟左右。

场地：空地。

材料：在空地上画出一个象棋盘，每条线相距1米，方便多人行动。

游戏步骤：

1. 分成两组，每16人一组。每个成员扮演一个棋子，每个棋子按照象棋规则在准备好的大棋盘上移动。

2. 主持人将人们领到游戏场地，不作任何提示，宣布两组第一次比赛开始。

3. 主持人对第一次游戏进行小结，宣布第二次游戏内容：

(1) 在第二次竞赛前，两个小组按照象棋规则分别形成团队内部结构框架，建立团队与外界的初步联系的程序。

(2) 选出小组的领导者（即担任将或帅的角色），领导者要协调、领导本小组进行比赛。

4. 主持人宣布第二次比赛开始。主持人认真观察游戏过程中小组的表现，进行汇总。

相关讨论：

1. 对于第一次比赛来说，哪一组表现得比较好？原因是什么？

2. 对第二次比赛来说：

（1）赢得胜利的小组，在组建时所作的准备哪些是值得提倡的？失败的小组哪些表现是不足的？

（2）如何形成团队内部结构框架？如何建立团队与外界的初步联系的程序？

（3）在游戏过程中，团队成员的协作表现在哪些方面？

【游戏心理分析】

通过这个游戏，我们可以看出，树立集体荣誉感和正确的价值观是十分必要的。"赢"的真正意义是实现目标，而不是两个对立的双方争个你死我活。用合作代替竞争，便能在有效的时间或较短的时间里实现更多的目标，甚至有意想不到的收获。

成功的人大多都有与人合作的精神，因为他们知道个人的力量是有限的，只有依靠大家的智慧和力量才可能办成大事。

飞盘击物

游戏目的：

培养团队成员的核心价值观。

游戏准备：

人数：不限。

时间：20～40分钟。

场地：宽敞的运动场。

材料：每组一个飞盘。

游戏步骤：

1. 三人一组，主持人给每组发一个飞盘，告诉他们将要开展飞盘游戏。

2. 在运动场另一端，选一棵树或其他物体作为靶子。

3. 从运动场这端开始，每组选一人掷飞盘，飞盘落地前必须被另外两个队员中的任意一人接住。如果飞盘落在地上没被接住，其中一个接盘手必须把飞盘送回投盘手那里，让其再次投掷，并且只能在同一位置。如果飞盘落地前被接住，接盘手就在原地向前转投给队友，即最初的那个投盘手（此时已变为接盘手）。每组的目标是尽量在积分最低的情况下击中运动场另一端的靶子。

4. 积分规则是：成功接盘一次积 1 分，飞盘落地一次也积 1 分。

5. 给各组 2 分钟的准备时间，然后开始游戏。

【游戏心理分析】

某一社会群体判断社会事务时依据的是非标准、遵循的行为准则就是核心价值观。团队中的价值观念就是实现平等、公平、正义的价值观。树立正确的价值观，是适应社会发展的需要，也是人们自我认知能力的体现。

【心理密码解读】

用自己的价值观来衡量

什么是价值观？

价值观是一个人关于价值的一定信念、倾向、主张和态度的系统观点，起着行为取向、评价标准、评价原则和尺度的作用。

可以说，一个人的价值观是其行为的动机和选择的基础，因此，成功学中非常强调价值观对成功的影响。一个人在其价值观的基础上设定一个目标，然后采取积极的行动，最终达到自己的目的——这是一个完整的成功模式。从另一个角度来看，不同的价值观也决定了对成功的不同定义。你认为很有价值、很重要的事情，在与自己价值观不同的人的眼中，可能根本就算不了什么。不同的价值取向、信念以及角色的人，对行为的选择也是不同的。

人们做任何事情都是从对事物的认知开始的，也就是说每个行动都会符合某种价值观。有的人清楚地认识到这些，并用之指导自己的行动，而有的人完全是跟着感觉走——这种感觉就是价值观潜意识的表现。小偷偷东西，有没有符合这个行为的价值观？当然有，在小偷的价值观里，道德显然是不能同财富相抗衡的。小孩子撒谎，有没有符合他的价值观？当然也是有的，在孩子的价值观里，不被挨打这个价值观显然支配了他的撒谎这一行为。工人偷懒，同样也是有他的"理由"的，在他的价值观里，轻松自在显然占有很大的比重。

什么才是我们真正想追求的价值观呢？

简单地说，就是那些你比较喜欢、珍惜和认为重要的事情。我们常自以为很了解自己，事实上，大部分人都不曾花时间来了解自己的真正需要。

小时候，我们多半都会接受父母的价值观，因为我们希望认同自己的父母，把父母视为心中的楷模，而父母也常根据孩子能否接受他们的价值观来奖励或惩罚他们。

等到你上学时，情况便有些不一样了，你很可能受到同学和老师的价值观的影响。

在你离开家庭进入成人世界时，你更是不断地修正自己的价值观：有些事对你变得比较重要，有些则无足轻重；某些人对你的重要性超过普通人，有些更变成你的模范，你认同他们，接受他们的某些价值观，也拒绝了另外一些价值观。

大部分的价值观都是中性的，无所谓好坏，但一个人不能同时选择两种截然不同的价值观。

渴望权力没什么不好，因为权力是中性的，重要的是你运用权力的方式是建设性的还是破坏性的。

同理，希望有钱、希望得到认可、讲究自主都无所谓好坏，这些价值观都是构成你之所以为你的因素罢了。

许多女人常常否认自己有追求权力、金钱和成就的需要，因为她们认为这些价值观和她们所认为女人该有的样子不相配。然而这种认知慢慢地改变了，在今天，一个女人喜欢追求权力、金钱和成就越来越被人们所接受。刻板的角色被打破后，我们有更多的机会来追求自己的个人价值。

有时，我们也会为自己的价值观付出代价，特别是当价值观与我们的事业和生活发生冲突时，但只要我们真正认同自己的价值观，就不应再受其他价值观的影响。也许对你来说，宁可事业上受到损失也要追求自己内心的那份和谐与平静。

第二篇

探寻你的情绪能量
——情绪心理游戏

第一章　了解自己的精神状态

生命线

游戏目的：

端正人们的生活态度，让人们对自己的人生重新定位。

游戏准备：

人数：不限。

时间：不限。

场地：室内。

材料：白纸、红蓝笔。

游戏步骤：

1. 先把白纸摆好，横放最好。在纸的中部，从左至右画一道横线，长短皆可。然后给这条线加上一个箭头，让它成为一条有方向的线。

2. 在线条的左侧，写上"0"这个数字，在线条右方，箭头旁边，写上你为自己预计的寿数。可以写 68，也可以写 100。在这条标线的最上方，写上你的名字，再写上"生命线"三个字。

3. 按照你为自己规定的生命长度，找到你目前所在的那个点。比如你打算活 75 岁，你现在只有 25 岁，你就在整个线段的 1/3 处，留下一个标志。之后，请在你的标志的左边，即代表着过去岁月的那部分，把对你有着重大影响的事件用笔标出来。比如 7 岁你上学了，你就找到和 7 岁相对应的位置，填写上上学这件事。注意，如果你觉得是件快乐的事，你就用鲜艳的笔来写，并要写在生命线的上方。如果你觉得快乐非凡，你就把这件事的位置写得更高些。又如，10 岁时，你的祖母去世了，她的离世对你造成了极大的创伤，你就在生命线 10 岁的位置下方，用暗淡的颜色把它记录下来。或者，17 岁高考失利……你痛苦非凡，就继续在生命线的相应下方留下记载。依此操作，你就用不同颜色的彩笔和不同位置的高低，记录了自己在今天之前的生命历程。

4. 在将来的生涯中，还有挫折和困难，比如父母的逝去，比如孩子的离家，比如各种意外的发生，不妨一一用黑笔将它们在生命线的下方大略勾勒出来，这样我们的生命线才称得上完整。

5. 看看你亲手写下的这些事件，是位于线的上半部分较多还是下半部分较多？也就是说，是快乐的时候比较多，还是痛苦的时候比较多？如果你觉得目前的状况还好，你不妨保持。如果你不甘心，可以尝试变化。

【游戏心理分析】

态度是人们在自身道德观和价值观基础上对事物的评价。积极的生活态度应该是乐观、豁达、向上的生活状态。人们在生活中不管遇到挫折或者磨难，都要积极地面对生活，对自己的人生有一个清晰的规划，这样人们对自己的定位也会更加清晰。

潮起潮落

游戏目的：

让人们学会信任对方，拉近人们之间的距离。

游戏准备：

人数：20人左右。

时间：不限。

场地：不限。

材料：无。

游戏步骤：

1. 所有人分两列纵队站立，两列队员要肩并肩站齐，彼此尽量靠近。

2. 选队列前面一名队员作为"旅行者"，让队员们把这位"旅行者"举过头顶，沿他们排成的两列纵队，传送到队尾。这是一个能真正体现"人多力量大"的例子。"旅行者"到达队尾，后面几个队员举着他的身体下落时，应保证他的双脚安全着地。

【游戏心理分析】

　　人与人之间需要消除的不仅是彼此之间的空间距离，也需要消除人们之间的心理隔膜。如果说空间距离在决定人们的情感方面有着极大的影响，那么信任是拉近人们心理距离的最好办法。人与人之间需要多一点信任和关怀，这样人们之间才能更加和谐。

　　如果你对周围的人表现冷淡，这就意味着你不可能从周围的人群中获得乐趣。你应该放松自己的心情，不妨和每次见面的人打打招呼，或者和刚结识的新朋友一道参加郊游。信任他人和你自己，多与他人沟通，这样才能赢得他人的信任。

暗中寻宝

游戏目的：

　　用游戏的方式展示人们面对黑暗和恐惧时的状态，并提供了应对的方法，锻炼人们的自信心和勇气。

游戏准备：

　　人数：不限。

　　时间：不限。

　　场地：室内。

　　材料：眼罩、15～30个糖果或其他小玩意、装糖果的袋子、手表或计时器、哨子或是其他能发出声音的东西。

游戏步骤：

　　1. 首先选出4～12个人，两人一组。然后对他们说："认识一下你的搭档，你们中一人为A，另一人为B，指甲较短的或修得较好的为A，然后让他们到屋外等候。"

　　2. 在他们离开后，余下的人迅速行动起来：一半人把糖果分别藏在屋内各处不大好找的地方，另一半人很快地摆好椅子及其他东西作为障碍，但一定要使房间的布置合理。房间布置好了，让B戴上眼罩，然后都进屋。

　　3. 让A抓着搭档B的胳膊。告诉他们，屋内藏有许多小礼品，他们的工作就是尽可能多地找出小礼品，时间为三分钟。在寻找的整个过程中，每一组的两个人必须一直保持在一起，由 B 带路，只有 B 能抬起小礼品，然后递给他的搭档，A 不能给予任何暗示，只能用"是"或"不是"来回答 B 提出的问题，如，"我该向左吗？""如果我再走两步，会撞到东西吗？"其他人可以大声喊，提供一些帮助性建议，告诉他们到哪儿去找。告诉其他人，参加游戏的人会与他们分享战利品。

4. 吹响哨子，开始游戏。

5. 三分钟后，再吹一声哨子，让每个小组数数他们找到的糖果数。

6. 然后开始第二轮，这次，A 可以给 B 任何提示。时间同样是三分钟。

7. 三分钟后，吹响哨子结束游戏，让各组数数找到的糖果数，看看哪组的"战利品"最多，并把糖果与帮助过他们的人一起分享。

【游戏心理分析】

恐惧是一种极度紧张的心理状态，伴有明显的生理变化，如面色苍白、呼吸急促、冒虚汗等。情绪是我们每个人不可缺少的生活体验，"人非草木，孰能无情"。我们的情绪在很大程度上受制于我们的信念、思考问题的方式。如果是因为身体的原因而使自己产生不愉快的情绪，则可借助药物来改变身体状况。但我们非理性的思维方式就像我们的坏习惯一样，都具有自我损害的特性，而又难以改变。这正是情绪不易控制的真正原因。找到症结所在，我们才能真正看清自己，才能深刻了解自己。

恐惧症

游戏目的：

看看你的恐惧程度及你对恐惧的抗压能力。

游戏准备：

人数：不限。

时间：不限。

场地：室内。

材料：游戏卡、白纸、笔。

游戏步骤：

参与者每个人得到一张游戏卡，游戏卡上面有一些问题，参与者根据自己的实际情况作答，用"是"或"否"来回答下面的问题。

1. 经常想到亲人会有不幸？

2. 有时担心会给自己或所爱的人带来伤害？

3. 经常检查灯和水龙头关好没有？

4. 在人群中受到推搡觉得反感？

5. 有洁癖，多次反复地刷洗衣服和家具？是否老洗手？

6. 是否老是对自己和自己所干的事不满意，尽管努力想干好？

7. 是否总是尽量提前离开有可能使你遭遇尴尬的境地？

8. 是否能轻易作出困难的决定？

9. 是否觉得有一种做某种多余事的必要？

10. 经常觉得身上衣服有些不对劲？

11. 有过回家检查门窗是否锁好的情况吗？

12. 老舍不得扔掉已没用的旧东西？

13. 是否老在想一些不由自主做的事？

14. 是否有过老重复说同一句话或数一些没必要数的东西的时候？

15. 睡觉前会把衣服整理好吗？

16. 干一些不重要的事时你也很认真？

17. 你周围的东西是否随时都要放在同一个地方？

18. 老是做一些无足轻重的动作吗？

回答"是"得1分，回答"否"得0分。

0～5分：说明跟恐惧症沾不上边。

6～10分：说明患有轻度恐惧症。

11～15分：说明患有中度恐惧症。

15分以上：说明你患上了严重的恐惧症，需要接受医生的治疗。

【游戏心理分析】

所谓恐惧症，是对某个物体或某种环境的一种无理性的、不适当的恐惧感。一旦面对这种物体或环境时，恐惧症患者就会产生一种极端的恐怖感。这种病症的产生与社会心理状态有关，也与个人的心理素质有关。那么，我们怎样避免出现这种症状呢？

首先，学会放松，轻松面对生活。

恐惧症患者通常对事件的危险性过度夸张，其担心的前提是错误的、幻想的和不真实的，对不该害怕的事情总是感到心有余悸。但越急越无法解决问题，且往往事与愿违。所以我们要逐步培养一种轻松的生活态度，不要强求自己，要循序渐进，等待时机，不要急于求成。

其次，敢于尝试，正确评估人和事。

恐惧症患者的认知特点是倾向于对通常的一般情景作出威胁性甚至是灾难性的解释，如稍有胸闷，就认为是心脏病发作；一次生意没有做成，就认为自己一辈子没有希望了；讲错一句话，就认为自己笨，不敢再多说话或与他人接触。其实很多事情远非你想象的那么可怕，为一些小事情过度焦虑，并为此付出过多的代价实在是有些不值得。因此我们要如实地评价事物的风险，不要人为地夸大危险。

如果你因为害怕暴露弱点而一味地回避的话，那么你这个弱点恐怕就永远纠正不了。所以我们一定要正视现实，直面自己的缺点、错误，让自己不再恐惧。

乐观

游戏目的：

看看你的乐观程度。

游戏准备：

人数：不限。
时间：不限。
场地：室内。
材料：白纸、笔。

游戏步骤：

参与者会在游戏开始前收到一张白纸，在主持人的提示下，参与者在白纸上针对主持人的问题作出答案，参与者可以用"是"或"否"回答提问者的问题。

1. 如果半夜里听到有人敲门，你会认为那是坏消息，或是有麻烦发生了吗？

2. 你随身带着别针或一根绳子，以防衣服或别的东西裂开了吗？

3. 你跟人打过赌吗？

4. 你曾梦想过中了彩票或继承一大笔遗产吗？

5. 出门的时候，你经常带着一把伞吗？

6. 你会用收入的大部分买保险吗？

7. 度假时你曾经没预订宾馆就出门了吗？

8. 你觉得大部分的人都很诚实吗？

9. 度假时，把家门钥匙托朋友或邻居保管，你会把贵重物品事先锁起来吗？

10. 对于新的计划你总是非常热衷吗？

11. 当朋友表示一定会还时，你会答应借钱给他吗？

12. 大家计划去野餐或烤肉时，如果下雨你仍会按原计划行动吗？

13. 在一般情况下，你信任别人吗？

14. 如果有重要的约会，你会提早出门以防塞车或别的情况发生吗？

15. 每天早上起床时，你会期待美好一天的开始吗？

16. 如果医生叫你做一次身体检查，你会怀疑自己有病吗？

17. 收到意外寄来的包裹时，你会特别开心吗？

18. 你会随心所欲地花钱，等花完以后再发愁吗？

19. 上飞机前你会买保险吗？

20. 你对未来的生活充满希望吗？

回答"是"得1分，答"否"得0分。

0～7分：你是个标准的悲观主义者，总是看到不好的那一面。身为悲观主义者，唯一的好处是你从来不往好处想，所以很少失望。然而以悲观的态度面对人生，却又有太多的不利。你随时会担心失败，因此宁愿不去尝试新的事物，尤其遇到困难时你的悲观会让你觉得人生更灰暗。解决这一问题的唯一办法，就是以积极的态度来面对每一件事和每一个人，即使偶尔会感到失望，你仍可以增加信心。

8～14分：你对人生的态度比较正常。不过你可以再乐观些，学会以积极的态度来应付人生的起伏。

15～20分：你是个标准的乐观主义者。你总是看到好的一面，将失望和困难摆到一旁，不过过分乐观也会使你掉以轻心，这样反而误事。

【游戏心理分析】

开朗乐观既是一种心理状态，也是一种性格品质。调查显示，开朗乐观的人不仅较为健康（如癌症罹患率明显低于悲观抑郁者），而且婚姻生活较为幸福，事业上也较易获得成功。用乐观的态度对待人生就要微笑着对待生活。无论何时，都不要忘记用自己的微笑看待一切。微笑着，你才能征服纷至沓来的厄运；微笑着，你才能将有利于自己的局面一点点打开。

宽容

游戏目的：

帮助你确定自己是否属于一个容易记仇的人。

游戏准备：

人数：不限。
时间：不限。
场地：室内。
材料：白纸、笔。

游戏步骤：

游戏开始前，每个参与者可以拿到一张白纸和笔，然后根据实际情况，按照提问者的问题把答案写在白纸上。只要选择"经常""有时"和"很少"这三个答案中的一个，并根据得分进行分析。

1. 晚上躺在床上你是否会回想白天与人发生争执的情景？
2. 你是否感到你在家里或学习上所付出的努力没有得到回报？
3. 你是否一想起很久以前感情上的伤害就愤愤不平？
4. 你是否认为有必要对伤害你的人进行报复？
5. 你是否特别留意别人是支持你还是反对你？
6. 你能原谅对你态度很坏的人吗？
7. 你是否嘲笑或贬低与你意见不一致的人？
8. 你是否因为一点头痛、腰痛、脖子痛以及身体其他部位的无关紧要的疼痛就痛苦不安？
9. 同学或同事是否指责你过分敏感？

选择"经常"的得3分，选择"有时"的得2分，选择"很少"的得1分。

9～15分：说明你是一个特别宽宏大量的人，很少因为感情上受到伤害而烦恼。由于你宽宏大量的性格，你很容易与朋友友好相处。

16～21分：表明你既不是一个特别宽宏大量的人，也不是一个容易记仇者。当你发现自己滋长了有害的情绪时，你通常可以在它发生之前就克服它，使你不至于沉湎于无法解脱的沮丧和怀恨的情绪之中。

22～27分：你可能是一个容易记仇的人，采取不公正的态度是你烦恼的根源。你要学会原谅别人，否则你的身心健康将受到损害。

【游戏心理分析】

人在社会的交往中，吃亏、被误解、受委屈的事总是不可避免地发生，面对这些，最明智的选择就是学会宽容。一个不会宽容、只知苛求别人的人，其心理往往处于紧张状态，从而导致神经兴奋、血管收缩、血压升高，使心理、生理进入恶性循环。要使自己成为一个宽宏大量的人，请记住以下几点：

想一想你和现在记恨的那个人在一起的愉快时刻，回忆一下他过去曾经对你的帮助，这将有助于你下决心消除隔阂。

别忘了当你做错事的时候，别人给你改正的机会，你也要尽量像别人那样宽以待人。

认识到怀恨只能是对自己有害，原谅他人和忘记怨恨将会使你愉快起来。

冷静地对待你记恨的人，他也许不是有意的，如果你以平静、和缓的态度处理你们之间的矛盾，问题是很可能得到解决的。

踩尾巴

游戏目的：

看看自己的精神状态以及学会怎么样保持良好的精神状态。

游戏准备：

人数：5～10人。

时间：不限。

场地：室外。

材料：卷成条的纸。

游戏步骤：

1. 在所有参与者的裤腰带上挂上一条用纸做的尾巴，根据各人的身高，纸做的尾巴长短不一,但拴好尾巴后落地部分都是7厘米长。

2. 每个人既要保护自己的尾巴不被别人踩断,同时又要用脚踩断他人的尾巴(不许动手)。在踩别人尾巴时,自己的尾巴必然暴露在第三者的面前。

3. 尾巴被踩断者被淘汰出局,最后一位尾巴没有被踩断者为胜。

(由于参与者的快速跑动,拖在地面上的7厘米长的纸尾巴会在空中飘舞,并不着地,这给踩尾巴又制造了难题。因此,要取胜你要敏捷、机智和勇敢,还需要谨慎。在这种状态下,保持好的精神状态是不被踩到的关键。)

【游戏心理分析】

良好的精神状态是在游戏中取胜的关键。积极的心理状态可以给人积极的暗示,在良好状态的鼓舞下,一个人的士气就会高涨,同时,你的士气也会感染身边的人。相反,一个人的精神状态不好,他的低落情绪也会影响身边的人,使人们的情绪变得低落,这样会影响整个团队的欢乐气氛,也会影响整个团队的工作效率。

善用注意力

游戏目的:

使人们懂得善用"注意力"的重要性,学会凡事都能够用积极的态度去应对。

游戏准备:

人数:不限。

时间:5~10分钟。

场地:会议室。

材料:一张数字图幻灯片。

游戏步骤:

1. 给大家1分钟的时间,寻找屋子里面所有的红色,然后请大家闭上眼睛。

2. 问大家,屋子里的绿色在哪里?黑色在哪里?白色在哪里?黄色在哪里?

3. 通常,大家这时候脑子中是一片红色。

4. 随后,主持人开始游戏意义的引申与提问。

【游戏心理分析】

人在日常的生活中免不了会出现好情绪和坏情绪。情绪"病毒"就像瘟疫一样，其传播速度有时要比有形的病毒和细菌的传染还要快。如果不能很好地调节并保持情绪平稳，势必会陷入痛苦的泥潭之中。如何主宰自己的情绪，以下是专家提的几点建议：

第一，尊重规律。我们的情绪与身体内在的"生活节奏"有关。吃的食物、健康水平及精力状况，甚至一天中的不同时段都会影响我们的情绪。因此不同的时段要做不同的事情，比如早晨精力旺盛，可做相对繁琐的工作，而下午不宜处理杂事。

第二，保证睡眠。每天睡眠时间最好保持在 8 小时左右。

第三，亲近自然。

第四，经常运动。

第五，合理饮食。

第六，积极乐观。

性格障碍

游戏目的：

每个人一生下来就不是十全十美的，总是会有一些性格障碍的存在。你知道你有怎样的性格障碍吗？这个游戏，帮你找到答案，也提供一些简易的改善方法。

游戏准备：

人数：不限。

时间：不限。

场地：室内。

材料：游戏卡、白纸、笔。

游戏步骤：

在游戏之前，将制作好的游戏卡分给参与者，每人一份。根据游戏卡的内容，人们可以根据自己的实际情况作出真实答案。

1. 跟朋友相处你常有怎样的困扰?

A. 朋友很少,大家对我好像也不怎么友善。

B. 很难有知心朋友可以倾吐心事。

C. 感觉在团体中都是自己配合别人。

2. 假如已经有了另一半,允不允许自己有出轨的可能?

A. 可能,保留自己谈恋爱交朋友的权利。

B. 会去认识他,做朋友应该没关系。

C. 只可能心动,绝不可能有任何发展。

3. 你平常的作息是否十分不正常?

A. 很正常,因为工作或上课的关系。

B. 不是很正常,早上需要闹钟叫醒。

C. 非常不正常,睡觉时间常常颠倒。

4. 最受不了什么类型的朋友?

A. 自私自利、一毛不拔的朋友。

B. 死不认错,又爱推卸责任的朋友。

C. 情绪相当不稳定的朋友。

5. 在朋友面前你是否常过度吹嘘自己的能力?

A. 不多,让别人慢慢来了解自己。

B. 在有好感的人面前可能就会这样。

C. 常常会这样,也不知道怎么才改得了。

6. 遇到有好感的人,你通常会有怎样的反应?

A. 跟踪他,调查他的一切。

B. 制造巧合偶遇,增加见面的机会。

C. 会在心里幻想是自己的男/女朋友。

7. 你是否平时有暴饮暴食的习惯?

A. 很少,三餐还算规律。

B. 不会,不过三餐时间有时不固定。

C. 会,看到饭馆就会想大吃一顿。

8. 看到朋友在一旁议论纷纷,你会有怎样的反应?

A. 应该不关我的事吧? 不管他。

B. 很好奇,会凑过去了解状况。

C. 会不会是在讲我的坏话?

9. 想到什么会令你最控制不住自己的情绪？

A. 工作或课业上的压力。

B. 人际关系产生的压力。

C. 感情问题产生的压力。

10. 你喜不喜欢被人约束的感觉？

A. 还好，只要合理都可以接受。

B. 不喜欢，可能会想反抗。

C. 不喜欢，可能直接撕破脸走人。

选 A 得 1 分，选 B 得 3 分，选 C 得 5 分。

20 分以下：你容易有"反现状性格"。

反现状性格特质的人很容易对现状产生不满，生活中难免的小摩擦或是不如意都会让你抱怨连连，仿佛全世界都对不起你一样。感觉"处处碰壁"的你很容易情绪不稳定，你很难克制自己一时的冲动，也很难有热情长期去从事同一项工作。

21～30 分：你容易有"边缘性性格"。

边缘性性格特质的人好恶相当明显，对喜欢的人或事物可以紧抓着不放；对不喜欢的人或事物，则是极端厌恶，甚至展开毁灭性报复。尤其是对自己得不到的东西，更可能由爱生恨，会想尽办法去毁了它。

31～40 分：你容易有"戏剧性性格"。

戏剧性性格特质的人喜欢享受掌声，害怕寂寞，也非常在意旁人对自己的意见、想法。你喜欢尽己所能地去表现自己，对他人有支配欲，容易对人颐指气使。有时过于依赖自己的想法去左右周围形势，常得罪朋友而不自知。

超过 40 分：你容易有"自恋性性格"。

自恋性性格特质的人以自我为中心，认为旁人甚至包括亲人都只是绿叶，是陪衬点缀，很难有对等关系的存在。在自我优越感的意识作祟下，你讲话自然高姿态，对任何东西都喜欢指指点点，也无法忍受旁人对你权威的挑战。

【游戏心理分析】

性格障碍其实是一种心理障碍。许多人因为心理上的某种偏执，造成性格上的执拗。这是一种心理效应。如果你是"反现状性格"，当有不如意时，就适时换个环境，转换并缓和一下起伏的心情。如果你是"边缘性性格"，感觉自己的想法和旁人迥异时，记得静下心来，思考并询问对方为何这样做。

如果你是"戏剧性性格"，充实自我的专业技能，旁人对你也会由衷地心服口服。如果你是"自恋性性格"，自恋无可厚非，可以多点自我解嘲式的幽默，记得尊重他人才能双赢。

紧张游戏

游戏目的：

一个人如果长期处于紧张状态，就会降低身体免疫系统的抗病能力，使人不能有效地适应外界环境而罹患各种疾病。此游戏让人们在紧张情绪的作用下，学会采取相应的应对措施。

游戏准备：

人数：不限。

时间：不限。

场地：室内。

材料：游戏卡、白纸、笔。

游戏步骤：

参与者的游戏卡上面都有一套题，共有29个题目，参与者用"有"或"无"作答，然后进行评判。

1. 常常毫无原因地觉得心烦意乱、坐立不安。

2. 临睡前仍在思虑各种问题，不能安寝。即使睡着，也容易惊醒。

3. 肠胃功能紊乱，经常腹泻。

4. 容易做噩梦，一到晚上就倦怠无力，焦虑烦躁。

5. 一有不称心的事情，便大量吸烟，抑郁寡欢、沉默少言。

6. 早晨起床后，就有倦怠感，头昏脑涨，浑身无力，爱静怕动，消沉。

7. 经常没有食欲，吃东西没有味道，宁可忍受饥饿。

8. 微量运动后，就会出现心跳过速、胸闷气急。

9. 不管在哪儿，都感到有许多事情不称心，暗自烦躁。

10. 想得到某样东西，一时不能满足就会感到难受。

11. 偶尔做一点轻便工作，就会感到疲劳、周身乏力。

12. 出门做事的时候，总觉得精力不济、有气无力。

13. 当着亲友的面，稍有不如意，就要勃然大怒，失去理智。

14. 任何一件小事，都始终盘旋在脑海里，整天思索。

15. 处理事情唯我独尊，情绪急躁，态度粗暴。

16. 一喝酒就要过量，意识和潜意识里都想一醉方休。

17. 对别人的病患，非常关心，到处打听，唯恐自己身患同病。

18. 看到别人的成功或获得赞誉，常会嫉妒，甚至怀恨在心。

19. 置身繁杂的环境里，容易思维杂乱、行为失序。

20. 左邻右舍家中发出的噪音，会使你感到焦躁发慌，心悸出汗。

21. 明知是愚不可及的事情，却非做不可，事后又感到懊悔。

22. 即使是休闲读物也看不进去，甚至连中心思想也搞不清楚。

23. 整天昏昏沉沉，混一天是一天。

24. 经常和同事或家人甚至陌生人发生争吵。

25. 经常感到喉疼胸闷，有缺氧的感觉。

26. 每每陷入往事便追悔莫及，有负疚感。

27. 做事说话都急不可待，措辞激烈。

28. 遇到突发事件就失去信心，显得焦虑紧张。

29. 性格倔强固执，脾气急躁，不易合群。

如果回答"有"的题目在 9 道以下，属于正常范围。

如果回答"有"的题目在 10~19 道之间，为轻度紧张症。

如果回答"有"的题目在 20~24 道之间，为中度紧张症。

如果回答"有"的题目在 25 道以上，为重度紧张症。

【游戏心理分析】

一个人的心理紧张程度最能反应一个人的心理状况。一个人若长期处于超强度的紧张状态中，就容易急躁、激动，有损于身体健康。

对于轻度紧张症我们可以采取一定的措施，如积极参加体育活动，养成有规律的生活习惯，适当增加营养。对于中度以上的紧张症患者，必须进行健康检查，或进行心理咨询及心理治疗。

通天塔

游戏目的：

用故事激发人们的工作热情。

游戏准备：

人数：不限，5~6人一组。

时间：15分钟。

场地：室内。

材料：无。

游戏步骤：

1. 主持人给大家讲述下面的故事：

人类的祖先最初讲的是同一种语言。他们在两河流域发现了一块异常肥沃的土地，于是就在那里定居下来，修起城池，建造起了繁华的巴比伦城。后来，他们的日子越过越好，人们为自己的业绩感到骄傲，他们决定在巴比伦修一座通天的高塔，来传颂自己的赫赫威名，并作为集合全天下弟兄的标记，以免分散。因为大家语言相通，同心协力，阶梯式的通天塔修建得非常顺利，很快就高耸入云。上帝得知此事，立即从天国下凡视察。上帝一看，又惊又怒，因为上帝是不允许凡人达到自己的高度的。他看到人们这样统一强大，心想："他们语言相通，同心协力，以后会不可限制。"于是，上帝决定让人世间的语言发生混乱，使人们互相言语不通。人们操起不同的语言，感情无法交流，思想很难统一，就难免出现互相猜疑的情况。人类之间的误解从此开始。修造过程因语言纷争而停止，人类的力量消失了，通天塔终于半途而废。

2. 每组分别用模型建造一座塔。第一次允许大家相互交流。

3. 第二次让大家不要说话，也不许发出任何提示性的声音，再分别建造一座模型塔，观察不同的反应。

【游戏心理分析】

交流可以拉近人们之间的距离，不交流人们之间就会疏远，心理也会产生隔膜。人们心理的距离需要一些言语和行为来拉近，所以，如果无法进行情感上的交流，同一件事情，在相互交流的状态下和不交流的状态下得出的结果是不一样的。人们在交际中，想要达到某一种结果，首先要保持心理上的平衡，这样才能做到彼此之间和谐的交流，事情才会更容易成功。

潜在忧伤

游戏目的：

检测人们面对困难时的勇气以及怎样消除生活中的忧伤。

游戏准备：

人数：不限。
时间：不限。
场地：室内。
材料：白纸、笔。

游戏步骤：

给参与者每个人一张纸和一支笔，根据主持人提出的问题在纸板上面用"是"或"否"来回答下面的问题。

1. 你是否回忆或讲述许多过去的故事？哪怕人们都已经听了很多遍了，你还在讲同样的故事。

2. 为将来做一些具有建设性的、乐观的计划，并按照计划进行是一件困难的事吗？

3. 你是否感到你必须隐藏自己的脆弱和眼泪？

4. 你会因为一些似乎非常小或不重要的原因生气或受到伤害吗？例如，有人走路的时候意外撞到了你，你会发脾气吗？

5. 你有没有使自己感到压抑、后悔或内疚的感觉？

6. 你很容易哭吗？例如，读那些似乎和你不相关的人的故事的时候。

7. 当你身边的人无意中提到了你失去的那个人，你是否感到悲伤或不舒服？你是否避免这样的情况出现？

8. 你是否有时候被一些无缘无故出现的强烈的情绪所控制？

9. 你是不是每天都躲到自己的世界中或逃到一个幻想的世界？

回答"是"得1分，回答"否"得0分。

1～3分：每个人都不得不面对正在发生的变化。尽管这些变化对你有影响，你已经意识到了，并尽最大努力来处理，但是不要忘了在这些问题上给自己一点特别的关注。不要对你敏感的事情置之不理，在这些情况下，听听你的感觉告诉你什么：它是不是你真正需要或渴望的东西？你是不是需要时间关注一下自己的感觉，并将它们仔细地列出来？

3分以上：你遭受了损失和挫折，或许你还不能战胜这些困难。你可能勇敢地面对了一些事情，但是有没有正在忽略一些更深的感受呢？你对发生的事情感到内疚或生气吗？你认为事情不会变好或你不具备开始新生活的条件吗？你有没有一直抓住以前的损失或问题不放，而在现实中阻止自己前进？

【游戏心理分析】

忧伤是人们的一种心理感受。沉浸在忧伤中的人们还会引发烦躁和紧张的情绪，造成一些诸如抑郁症的心理疾病。与长期的忧伤作斗争是一件困难的事。在需要的时候向别人寻求帮助是很重要的。

1. 和别人谈谈你的失落，确信你有很多良好的社会关系，你不是孤立的。选择和你有同感并且容易交流的朋友和搭档。

2. 把自己的回忆、梦想、思考记录下来，无论什么时候你想到了一件新的事情，请给它足够的时间与空间。

3. 从你的失落中发现益处，意识到你从中得到的一些东西是非常重要的。这样做的人会重新享有幸福的感觉。

4. 给自己固定的时间反思自己的损失，这样你就能随时知道你现在是怎么想的。

5. 把你的失落写成故事，面对那些难受的情感并把它们变成文字。通过这些故事你能使自己更加从容地面对那些失去。

6. 做一些特别的、有意义的事情，当然这些事情是对已经发生的事的直接回应。

忍耐性

游戏目的：

每个人的忍耐性是不同的，你想知道自己的忍耐性有多强吗？通过这个游戏你可以知道自己的忍耐性有多强。

游戏准备：

人数：不限。

时间：不限。

场地：室内。

材料：白纸、笔。

游戏步骤：

参与者在白纸上写上五个答案：A. 总是，B. 经常，C. 有时，D. 很少，E. 从不。根据提问者的问题，参与者根据自己的实际情况和真实想法坦率作答，每题只选一个答案。

1. 可以预见到未来的结局时你仍会冷静地迎接或等待。

2. 避免在时机不成熟时作决定。

3. 身边若有同性恋者，你会表示理解并与之交往如常。

4. 处于变动的时代，能保持耐心和不屈不挠的精神。

5. 办任何事你都会一直努力到最后才考虑是否放弃。

6. 你对侵略性行为也会控制住自己的反应。

7. 不管现实多么残酷，你对自己都抱有信心。

8. 你会用很长的时间来观察人和事再作出判断。

9. 能接受很多似乎不必要的规矩，并做到不触犯其限制。

10. 假如自己的亲友要与年龄相差极大的人结婚，你会表示尊重和理解。

11. 避免指责别人未能尽力做到某些事。

12. 在生活中遇到变化时能反复检讨自己以适应外界。

13. 当遇到困难时持积极的态度。

14. 即使旁边有人大声吵闹，也能专心读书。

15. 不管现实如何，都会坚持种族及男女平等的观念。

16. 能在面对许多社会问题时保持沉默。

17. 你会坚持听完与自己见解不同的人演讲。

18. 别人总对你抱有成见时，你还能与之友好相处。

19. 假如有人不同意你的观点，你也能接受。

20. 对制定了的决策能贯彻执行。

选 A 得 4 分，选 B 得 3 分，选 C 得 2 分，选 D 得 1 分，选 E 得 0 分，最后计总分。

20 分以下：你的忍耐性很差。你对周围事物的变化很不适应。当别人所做的事违反了你的意愿时，你会感到很不舒服。过于看重自己的感受是你的一个缺点，不妨心胸开阔一些，多给别人一些关心，这样你会发现互相理解的好处，在工作上，你也会感到前所未有的轻松与愉快。你需要学习如何保持冷静和克制，培养自己的忍耐力，以更好地适应现代社会发展的需要。

21～60分：你的忍耐性中等。你试图表现出容忍和公正，但忍耐力有限，你有某些偏见难以克服。不管别人怎样说怎样做，你都应该采取包容的态度，宽以待人，严于律己。

61分以上：你的忍耐性很强。对于别人的所作所为，你都能够给予充分理解。你的性格很好，不会与人发脾气，不与别人斤斤计较，善于与人沟通，大家都喜欢与你交往，这点对你以后的工作和发展都十分有利。

【游戏心理分析】

忍耐是对痛苦情感的忍受能力，一个忍耐能力很强的人，一定具有很好的心理素质。一个人的心理状况决定了人们的忍耐力和面对痛苦的勇气。"忍"字很重要，因为一个人不可能在任何时间、任何场合下都事事如意，有些事情怎么也无法解决，有些事情可能没法很快解决，所以你只能忍耐！动辄发脾气的人虽然可以解除一时的心理压力，但从长远来看，则会断了自己的前程。

当处于弱势时，你就很难有施展的空间，仿佛困兽一般。有些人碰到这种情形，常常任凭自己的性情，顺着情绪行事，如被人羞辱了，干脆就和他们干一架；被老板骂了，干脆就拍桌子，丢东西！可你这么做只就会毁了你自己。

因此，当身处困境、碰到难题时，想想你的长远目标吧！为了长远目标，一切都可以忍，千万别为了解一时之气而丢掉长远目标。

无所畏惧

游戏目的：

面对失败，你是鼓起勇气，勇敢地正视它，还是选择逃避？通过这个游戏你可以了解自己面对困难和失败时的勇气和力量。

游戏准备：

人数：不限。

时间：不限。

场地：室内。

材料：白纸、笔。

游戏步骤：

游戏中，每个人的白纸上有"是""不是""我不知道"三个答案，参与者根据提问者的问题选择其中的答案。游戏结束后，参与者根据自己的选择算出自己的分数。

1. 你是否有勇气做排雷专家的工作？

2. 你是否曾经爬上自家的房顶？

3. 你会抱小白鼠吗？

4. 你愿意骑大象吗？

5. 你是否愿意参加电视知识竞赛？

6. 你是否愿意成为一名探险家？

7. 你愿意去远征狩猎吗？

8. 如果看见有人行凶抢劫，你是否会追赶罪犯？

9. 当两条狗打架时，你会将它们分开吗？

10. 你是否愿意面对一大群人演讲？

11. 你会不会用手去抓蛇？

12. 你愿意在闹鬼的房子里睡觉吗？

13. 你是否有勇气成为深海潜水员？

14. 你会把手放进装满蛆的盒子中吗？

15. 在堵车时，你是否会与其他司机争辩？

16. 你敢在野外的丛林中散步吗？

17. 你是否曾经爬上很高的树？

18. 你会以每小时 150 公里的速度开车吗？

19. 你是否愿意在夜晚看恐怖电影？

20. 你愿意骑马吗？

21. 你是否愿意在夜晚独自外出？

22. 你愿意在露天公园里坐过山车吗？

23. 你是否愿意养一只凶猛的狗？

24. 你是否曾经在很深的水中游泳？

25. 你是否愿意试演一次话剧？

回答"是"得 2 分，回答"我不知道"得 1 分，回答"不是"得 0 分，最后计算总分。

低于17分：你性格比较懦弱，不喜欢冒险，不愿尝试有风险的事情。但是，有些时候，你不应仅局限于自己的信念，而应鼓励自己不时地参加一些具有一定风险的行动。

18～35分：你是个小心谨慎的人，基本上无所畏惧。尽管你不会过多地参与冒险活动，但是如果现实需要，你还是会勇敢地站出来。一般情况下，你喜欢安逸的生活，不喜欢太多的麻烦。尽管你并不厌恶偶尔参与一些冒险活动，但通常会比较有节制，而且事先会仔细权衡利弊。

36～50分：你拥有非常强健的神经，有时你需要适当地约束自己，因为你可能经常会将警惕抛到脑后。你很可能会在危急时刻显身手，而且会是一位出色的搭档——他人身边优秀的共事者。

【游戏心理分析】

无所畏惧是一种勇敢面对失败和困难的心理状况。一个人有了饱满的精神状态，才能勇敢地面对生活。生活中的矛盾，不免会影响一个人的心理状态，但关键是你要尽快摆脱这种状态，保持心理平衡。如果你的精神状态欠佳，可以试试以下几种方法：

向别人倾诉：把烦恼埋藏在心里，只会使自己更加沮丧，最好敞开心扉，将内心的烦恼向亲朋好友倾诉，这样会使心情豁然开朗起来。

适当受点委屈：一个人办事要从大处着眼，只要不违背原则，在小事上不必要过分坚持和强求。

减轻精神压力：对急需处理的事情精神压力不要太大，要尽力减轻自己的精神负担。不要同时做几件事，可以在一段时间内只做一件事，以免弄得自己筋疲力尽，而且效果不好。

缓解紧张状态：不要处处与人竞争，因为这样会使一个人经常处于一种紧张状态，可以放松心情听听音乐、下下棋、跳跳舞。

知足才会常乐：不论荣辱得失都应该宠辱不惊，须知人生最重要的就是健康。

空虚游戏

游戏目的：

时下，我们常常会听到"唉，真没劲，干什么都没意思""算了，就这样吧，没啥干头了"等话语，这是一种心理空虚的表现。通过游戏可以让人们了解到空虚对人们心理的危害，以及我们应该怎样面对空虚心理。

游戏准备：

人数：不限。
时间：不限。
场地：室内。
材料：白纸、笔。

游戏步骤：

参与者根据主持人的提示在自己的纸板上诚实作答，这样可以清晰地了解自己的精神状态。参与者用"是"或"否"来回答下面的测试题。

1. 不看重别人看重自己。

2. 常常想改变自己的生活方式。

3. 没什么特殊的爱好。

4. 对工作或学习感觉很痛苦。

5. 生活还好，可就是不快乐。

6. 对一切都不抱乐观的态度。

7. 经常与他人发生口角。

8. 认为各方面都有很多不如意的地方。

9. 不喜欢和别人交往。

10. 吃饭时不感到愉悦。

11. 常常因零钱少而感到不满。

12. 常常一有钱便购买想要的东西。

13. 不大喜欢单位（学校）的领导（老师）和同事（同学）。

14. 经常埋怨单位（学校）离家太远。

15. 认为无论干什么都不值得高兴。

回答"是"得 0 分，回答"否"得 1 分。

6～9 分：生活充实度不够，比较空虚。对生活和工作多有不满，难以感觉到生活的乐趣。但因态度诚恳，从而表明你具有改变生活、工作现状的愿望。有这种愿望还应认真分析不满的原因，并应积极想办法解决。

9 分以上：对生活工作现状满意，精神上较充实，往往生活态度乐观，充满热情。但如果答题时不够诚实，则说明对生活、工作中的种种不满被隐瞒了起来，也许你没有改变这种现状的愿望，因此很难自我改善。

【游戏心理分析】

空虚是一种病，是一种危害健康的心理上的疾病。它是指一个人没有追求，没有寄托，没有精神支柱，精神世界一片空白。空虚的心理，可能来自对自我缺乏正确的认识，对自己能力过低的估计，整天忧郁、思想空虚；或是因自身能力和实际处境不同步，常常感到无奈、沮丧、空虚；或是对社会现实和人生价值存在错误的认识，以偏赅全地评价某一社会现象或事物，当社会责任与个人利益发生冲突时，过分地讲求个人的得失，一旦个人要求得不到满足，就心怀不满，"万念俱灰"；或是因退休、下岗、失恋、工作挫折、投资失误、经济拮据等导致失落困惑感。

气质类型

游戏目的：

看看你的气质类型。

游戏准备：

人数：不限。
时间：不限。
场地：室内。
材料：游戏卡、白纸、笔。

游戏步骤：

主持人发给参与者每人一个游戏卡，上面是准备好的有关气质的 60 道问答题，没有对错之分，回答时不要猜测什么是正确答案，请根据你的实际情况与真实想法作答。每题设有五个选项：A. 很符合，B. 比较符合，C. 介于中间，D. 不太符合，E. 很不符合。

1. 做事力求稳妥，一般不做无把握的事。
2. 遇到可气的事就怒不可遏，把心里话全说出来才痛快。
3. 宁可一人做事，不愿很多人在一起。
4. 到一个新环境很快就能适应。

5. 厌恶那些强烈的刺激,如尖叫、噪音、危险镜头等。

6. 和人争吵时,总是先发制人,喜欢挑衅。

7. 喜欢安静的环境。

8. 善于与人交往。

9. 羡慕那种善于克制自己感情的人。

10. 生活有规律,很少违反作息制度。

11. 在多种情况下,情绪是乐观的。

12. 碰到陌生人觉得很拘束。

13. 遇到令人气愤的事,能很好地自我控制。

14. 做事总是有旺盛的精力。

15. 遇到问题常常举棋不定,优柔寡断。

16. 在人群中从不觉得过分拘束。

17. 情绪高昂时觉得干什么都有趣,情绪低落时觉得干什么都没意思。

18. 当注意力集中于某一事物时,别的事物很难让自己分心。

19. 理解问题总比别人快。

20. 碰到危险情况,常有一种极度恐惧感。

21. 对学习、工作、事业抱有极大的热情。

22. 能够长时间做枯燥、单调的工作。

23. 符合兴趣的事,干起来劲头十足,否则就不想干。

24. 一点小事就能引起情绪波动。

25. 讨厌做那种需要耐心、细致的工作。

26. 与人交往不卑不亢。

27. 喜欢参加热烈的活动。

28. 爱看感情细腻、描写人物内心活动的文学作品。

29. 若工作、学习时间长,常感到厌倦。

30. 不喜欢长时间讨论一个问题,愿意实际动手干。

31. 宁愿侃侃而谈,不愿窃窃私语。

32. 别人说我时自己总是闷闷不乐。

33. 理解问题常比别人慢些。

34. 疲倦时只要短暂的时间就能精神抖擞,重新投入工作。

35. 心里有话,宁愿自己想,不愿说出来。

36. 认准一个目标就希望尽快实现,不达目的,誓不罢休。

37. 和别人学习、工作一段时间后，常比别人更疲倦。

38. 做事有些莽撞，常常不考虑后果。

39. 老师和师傅讲授新知识、新技术时，总希望他讲慢些，多重复几遍。

40. 能够很快忘记那些不愉快的事情。

41. 做作业或完成一项工作总比别人花的时间多。

42. 喜欢运动量大的剧烈活动，或参加各种娱乐活动。

43. 不能很快地把注意力从一件事转移到另一件事上去。

44. 接受一个任务后，就希望迅速完成。

45. 认为墨守成规比冒风险强些。

46. 能够同时注意几件事。

47. 当我烦闷的时候，别人很难让我高兴。

48. 爱看情节起伏跌宕、激动人心的小说。

49. 对待工作认真严谨，具有始终如一的态度。

50. 和周围人们的关系总是处不好。

51. 喜欢复习学过的知识，重复做已经掌握的工作。

52. 希望做变化大、花样多的工作。

53. 小时候会背许多首诗歌，我似乎比别人记得清楚。

54. 别人说我"出语伤人"，可我并不觉得这样。

55. 在体育活动中，常因反应慢而落后。

56. 反应敏捷，头脑机智灵活。

57. 喜欢有条理而不麻烦的工作。

58. 兴奋的事常常使我失眠。

59. 老师讲新的概念我常常听不懂，但是弄懂以后就很难忘记。

60. 如果工作枯燥无味，马上情绪低落。

记分方法：按题号将各题分为4类，计算每类题的得分总合。

胆汁质：2　6　9　14　17　21　27　31　36　38　42　48　50　54　58

多血质：4　8　11　16　19　23　25　29　34　40　44　46　52　56　60

黏液质：1　7　10　13　18　22　26　30　33　39　43　45　49　55　57

抑郁质：3　5　12　15　20　24　28　32　35　37　41　47　51　53　59

选A计2分，选B计1分，选C计0分，选D计－1分，选E计－2分。

请补充4类不同气质类型的相应分数。气质类型确定的方法不明确，60道题的测试分只有一个，如何确定为哪一类？

气质类型的确定：如果某类气质得分明显高出其他三种，均高出 4 分以上，则可定为该类气质。此外，如果该类气质得分超过 20 分，是典型此种气质型；如果该类得分在 10～20 分，则为一般型。

如果两种气质类型得分接近，其差异低于 3 分，而且又明显高于其他两种，高出 4 分以上，则可定为两种气质的混合型。

如果三种气质得分均高于第四种，而且接近，则为三种气质的混合型。

1. 多血质

神经特点：感受性低，耐受性高，不随意反应性强，具有可塑性，情绪兴奋性高，反应速度快而灵活。

心理特点：活泼好动，善于交际；思维敏捷；容易接受新鲜事物；情绪情感容易产生，也容易变化和消失。

典型表现：多血质又称活泼型，敏捷好动，善于交际，在新的环境里不感到拘束。在工作、学习上富有精力而效率高，表现出机敏的工作能力，善于适应环境变化。能迅速地把握新事物，在有充分自制能力和纪律性的情况下，会表现出巨大的积极性。兴趣广泛，但情感易变，如果事业上不顺利，热情可能消失。从事多样化的工作往往成绩卓越。

适合职业：导游、推销员、节目主持人、演讲者、接待人员、演员、市场调查员、监督员等。

2. 胆汁质

神经特点：感受性低，耐受性高，不随意反应强，外倾性明显，情绪兴奋性高，控制力弱，反应快但不灵活。

心理特点：坦率热情；精力旺盛，容易冲动；脾气暴躁；思维敏捷，但准确性差；情感外露，但持续时间不长。

典型表现：胆汁质又称不可遏止型或战斗型。情绪易激动，反应迅速，行动敏捷，暴躁；在语言上、表情上、姿态上都有一种强烈而迅速的情感表现；在克服困难上有不可遏止和坚韧不拔的劲头，而不善于考虑是否能做到。这种人的工作特点带有明显的周期性，埋头于事业，也准备去克服通向目标的重重困难和障碍；但是当精力耗尽时，易失去信心。

适合职业：管理人员、外交人员、驾驶员、服装纺织业人员、餐饮服务业人员、医生、律师、运动员、冒险家、新闻记者、军人、公安干警等。

3. 黏液质

神经特点：感受性低，耐受性高，不随意反应低，外部表现少，情绪稳定，反应速度快但不够灵活。

心理特点：稳重，考虑问题全面；安静，沉默，善于克制自己；善于忍耐，情绪不易外露；注意力稳定而不容易转移，外部动作少而缓慢。

典型表现：这种人又称为安静型，在生活中是一个坚定而稳健的辛勤工作者。由于这种人具有坚定的意志，所以行动缓慢而沉着，严格恪守既定的生活秩序和工作制度，不为无所谓的诱因而分心。黏液质的人老成持重，交际适度，不做空泛的清谈，情感上不易激动，不易发脾气，也不易流露情感，能自制，也不常常显露自己的才能。这种人长时间坚持不懈，有条不紊地从事自己的工作。其不足是不善于转移自己的注意力。惰性使他因循守旧，表现出固定性有余，而灵活性不足。

适合职业：外科医生、法官、管理人员、出纳员、会计、播音员、话务员、调解员、教师等。

4. 抑郁质

神经特点：感受性高，耐受性低，随意反应弱，情绪兴奋性高，反应速度慢，刻板固执。

心理特点：沉静，对问题感受和体验深刻，持久，情绪不容易表露，反应迟缓但是深刻，准确性高。

典型表现：有较强的感受能力，易动感情，情绪体验的方式较少，但是体验得持久而有力，能观察到别人不容易察觉到的细节，对外部环境变化敏感。

适合职业：打字员、排版员、检察员、雕刻工作者、刺绣工作者、保管员、艺术工作者、哲学家、科学家等。

【游戏心理分析】

气质是人典型的、稳定的心理特点，包括心理活动的速度、强度、稳定性和指向性。这些特征的不同组合，便构成了个人的气质类型，它使人的全部心理活动都染上个性化的独特色彩。气质类型通常分为多血质、胆汁质、黏液质、抑郁质四种。

气质是心理活动的动态特征，与日常生活中所说的"脾气"、"秉性"相近。气质是人格特征的自然风貌，它的成因主要与大脑的神经活动类型及后天习惯有关。气质类型本身在社会价值评价方面无好坏优劣之分，可以说每一种气质类型中都有积极或消极的成分，在人格的自我完善过程中，应扬长避短。气质不能决定人的思想道德素养和活动成就的高低。各种气质类型的人都可以对社会作出有价值的贡献，当然其消极成分也能对人的行为产生负面影响。

【心理密码解读】

深不可测的海底冰山——潜意识

在日常生活中，我们经常用到潜意识这个词语，那么什么是潜意识呢？"潜意识"这个词是和弗洛伊德这个名字分不开的。正是这位人类心灵奥秘的伟大探索者首先发现了人类精神最隐蔽的角落——潜意识，也正是在他的影响下潜意识逐渐成为心理学、现代哲学长期争论不休的对象。

潜意识到底是什么？弗洛伊德有一个十分形象的比喻，人的心灵即意识组成仿佛一座冰山，露出水面的只是其中一小部分，代表意识，而埋藏在水面之下的绝大部分，则是潜意识。人的言行举止，只有少部分由意识掌握，其他大部分都由潜意识主宰。潜意识主动运作，影响着意识与占水面下一小部分的前意识。

潜意识也称无意识，是心理结构的深层领域和最原始的基础，是心理系统最根本的动力。潜意识的存在范围远远超过了意识，除了在特定条件下进入意识领域之外，大部分潜意识的东西便以各种改装的形式，在意识的舞台上露面。

潜意识活动中最主要的是本能冲动，弗洛伊德认为，人的本能冲动来自机体内部的刺激，凡与本能冲动有关的欲望、情感、意向都是组成潜意识的内容。意识始终处在与潜意识的冲突之中，意识在人的精神生活中虽然有家长的地位，但这种地位是脆弱的、不稳固的，自我意识的统一性和确立性会由于潜意识的作用而发生分裂。

弗洛伊德认为，人的心理结构是由潜意识、前意识和意识这三个层次构成的，潜意识处于深层，意识处于表层，前意识是表层的储存库，这三个层次组成一个动态心理结构，它们始终处在相互渗透、流动变化之中。如果三者处在协调平衡状态，那么就是正常人的心理结构，具有常态的性质。如果三者处在不平衡的紊乱状态，那么就是非正常人的心理结构，具有变态的性质——变态的极端表现就是歇斯底里的症状，就是弗洛伊德描述的心理结构的图式。

弗洛伊德认为，潜意识包含人出生后所有的心理成分以及诸种本能，认为在潜意识中存在着各种被压抑的成分，如本能、欲望、情感、意念等。在一定条件下，潜意识中的成分，一部分可进入意识域，另外一部分则永远不能被人自己知道。潜意识域的成分对人们的行为和思想表现起决定作用。他的这种认识曾被欧美许多学者运用和发展，成为精神分析学说的基本概念。

前意识能够转化成为意识，生活中我们经历很多事情，这些特定的经历和事实并不是时时刻刻都处于被意识到的状态，但是当我们一旦需要时就能突然回忆起来。

意识与前意识在功能上十分接近，目前被加以注意的心理活动，意识到它的存在的时候，它便是意识，而当我们不再注意，意识到的内容就会潜入前意识层面，就不是意识了。因此，意识和前意识在功能上是可以互相转换的。

前意识处于意识层和潜意识层之间，当潜意识中被压抑的本能和欲望想要渗透到意识之中时，前意识担负着"稽查人员"的任务，严密防守，把住关口，不许潜意识的本能和欲望随便侵入意识之中。但是当"稽查人员"失职时，潜意识就会悄悄潜入意识之中。

人的心理活动是一个多水平、多层次、多测度的反映系统。康德认为，潜意识乃是人的精神世界的"半个世界"。其实，潜意识与意识是人的心理活动两个方面对立统一的整体。

一些不符合社会道德标准或者违背个人理智的本能冲动、被压抑的欲望悄悄地潜伏在我们的意识当中，这就是潜意识。潜意识由各种无声无息的影响着个体的行为的，却没有被感觉到的思想、观念、欲望等心理活动组成。

从一定意义上说，没有潜意识也就没有意识，因为意识是在同潜意识的比较、区别与对立中存在的，意识是以潜意识的存在为前提、基础和条件的。当然，潜意识又是以意识为主导、制约的。总之，潜意识和意识是相互依存，并在一定条件下相互转化的。潜意识和意识的辩证统一构成了人的精神生活的一幅丰富多彩的图画。

意识受到客观存在、外部世界的影响，潜意识同样也来源于客观现实，个体从一出生就有一些本能反应存在，更多的意识是在成长的过程中培养起来的，在人脑与客观世界长期的相互作用的过程中得到发展，受到一定强度外来信息的刺激，并存储在大脑中成为记忆。因此，外部刺激和人脑的发展是潜意识产生的基础。

弗洛伊德在人们的潜意识心理现象中，发现人都有一种排斥新思想的惰性。因为人类都有逃避痛苦的本能，一种伟大的新思想使人类幻想破灭，点出人类过去的错误，揭穿掩盖的真相，人类便逃避新思想以维持现存生活的安宁。这种保守的思维惰性，源于潜意识，根深蒂固。

勇于进行创新的思维"突围"，不仅要避开潜意识顽固守旧的思维惰性，还要进行创造性思维。人们经常能隐约感觉到第六感、潜意识的躁动，但又有一种难以捕捉的感受。它空灵、缥缈，稍纵即逝；它既虚无又实在，往往发生在一念之间。对自己潜意识的体验，爱因斯坦深有感触："真实只是一种幻觉，尽管是一种挥之不去的幻觉。"潜意识中所产生的似是而非的幻觉，往往能激活创造性思维。

潜意识有直接支配人行为的功能，人的一些习惯性动作、行为，以及一些自己也没有意料到的行为，实际上就是潜意识在支配。一些人遇到难题，马上想到"挑战""想办法解决"，行动也几乎同时跟上；另一些人遇到难题，则自觉地、甚至不加思考地就想到退，想到失败，而且也在行动上退却。这便是过去不同经验的潜意识在起作用。

潜意识具有自动解决问题的思维功能，当我们苦思冥想某一难题，一时得不到解决时，我们可能会暂时停下来做别的事。结果突然有一天，问题答案的线索，甚至完整的答案从你脑中跳出来了，你惊喜万分。原来这便是潜意识在自动替你解决问题。所谓"灵感"，就是潜意识的自动思考功能。潜意识的快速习惯反应，便可形成超感和直觉功能。据说有些印第安土著人能从马蹄印迹中判断马走了多远，这种超感和直觉实际上是长期与马、马蹄痕迹打交道形成的经验潜意识的习惯性反映。母亲对婴儿的某些直感，也是长时间和婴儿生活一起的习惯潜意识的直接反映。

从潜意识到创造性思维，不仅见诸闻名遐迩的伟人身上，凡人小事，每时每刻都有创造性思维的火花绽放。人的潜意识能够让你释放出难以置信的神奇潜能，这也是大多数人要寻找的结局和终端。

如果人们能学会怎样感悟和释放潜意识中的潜能，去发现自己的优点，那么，生活就会变得更加美好、幸福。获得这种力量并不需要我们付出超乎寻常的努力，因为很多潜力就隐藏在我们心灵的深处，它可以点燃我们内在的能量，让自我充满活力，实现自己的愿望。只要你敞开心胸，祷告、祈求并接受，潜意识就会让你获得新的感受、新的想法、新的发现，让你去创造全新的生活。它所赋予的和向我们展示的一切都是生命的真实内涵，在生活中不断地逼迫自己去思考、学习，在努力学习中寻找自己的快乐的潜意识，从而改变自己的想法和观念。使用意识进行思维，你的习惯性思维就会渗入你的潜意识层，这里有创造一切的原动力。

第二章　透析你的心情效能

三分钟演讲

游戏目的：

在短时间内让别人对你的演讲感兴趣，通过演讲锻炼人们的表达能力。

游戏准备：

人数：不限。

时间：不限。

场地：室内。

材料：无。

游戏步骤：

1. 每人熟记一篇三分钟左右的演讲稿。

2. 让大家分别举起一个、两个或三个手指，然后围着屋子转圈，寻找另一个与自己所举的手指数一样的人。一旦组成对，让他们自己看谁比较矮一点儿，矮一点儿的为 A，高一点儿的为 B。

3. 让搭档们互相握手并说："我想你对下面的事不会介意，我真的认为你会感兴趣的。"

4. A 将对 B 开始他三分钟的演讲。但是他们开始谈的时候，B 必须转身走开，重复说："谁想听你的胡说八道？"A 必须紧跟 B，继续演讲。A 此时应该注意的是，首先不要改变演讲的内容；其次要运用"那又怎么样"的技能，考虑一下为什么这个演讲的内容是十分重要的，而且 B 也应该认真倾听的；然后适当地通过他的语调、面部表情、身体语言等非语言手段把这层意思表达出来。

5. 三分钟后，搭档调换角色，B 必须开始他们的演讲，而 A 在附近走动，同样也是三分钟时间。

6. 让这些搭档们再次相互道歉并握手。然后，请他们返回各自的座位。

相关讨论：

一再要求别人听自己发言有什么感受？有些时候发言者一定要这样做吗？什么时候？为什么？

当你被忽视时，你有什么想法或感受？你用什么方法来调整你的发言方式了吗？如果有，是怎样的？发言人什么时候会遇到听众认为他们的信息不切题？你认为为什么会发生这种情况？如果发言人对自己的演讲内容注入了自己的情感是否会带来什么不同的效果？有什么不同？

【游戏心理分析】

我们每个人都应当尊重和正视真正的自己，勇敢地推翻虚妄的自己，不仅要承认现实，也不要怕向别人承认自身的不足。演讲既锻炼了一个人的表达能力，也锻炼了在大众面前的心理状态。人们在演讲的时候，保持良好的心理状态是非常重要的，在轻松自如的心态下，心理防线就会渐渐减弱，解除了心中的设防时，便可逐渐完成由弱至强、由自卑到自信的转换。

坦然面对

游戏目的：

模拟尴尬场景，让参与者坦然面对。

游戏准备：

人数：不限。

时间：不限。

场地：室外。

材料：题板纸、笔。

游戏步骤：

1. 将参与者分成几个小组，每组5～10人。

2. 让大家想一想，假如这时在你面前出现一个炸弹，你会怎么反应。要尽可能多地提出一些他们的反应，把这些话写在题板纸上。

3. 然后教大家"小丑鞠躬"的反应，当其他方法失败时，小丑鞠躬意味着面对观众，正视自己的失误，谦虚地说："谢谢你们，非常感谢你们。"

4. 鼓励大家试一试小丑鞠躬效应的几个变形。比如，他们可以用深情的口气说，也可以像主持人一样热情地说，也可以像一个演讲者一样慷慨激昂地说。主持人要鼓励大家探寻自己的风格。

5. 提问：在接下来的日子里，你是否会犯一些小错？如果回答是肯定的，那么请试着运用游戏中的技巧，看看别人会有什么反应？

【游戏心理分析】

犯错是人们不可避免的。在错误面前，重要的是人们以一种怎样的心态去面对。坦白承认自己的失误和过失，会让人的情绪得到舒缓。人生中总是会有许多的风风雨雨，怎样克服全看一个人的意志和态度。这个游戏的挑战性在于它为人们设计了无数的场景，激发人们的想象力和表演技巧，鼓励人们摸索出自己的风格。只有这样，人们才可能真正学到其中的精髓，并化为己用。

分享快乐和痛苦

游戏目的：

找到能和自己分享快乐和痛苦的人。

游戏准备：

人数：不限。

时间：不限。

场地：不限。

材料：无。

游戏步骤：

1. 让所有参与者围成里外两圈，里圈外圈的人相对面站。

2. 主持人说"开始"，所有人都伸出手指。如果你与对方都伸出一个手指，这表示你们是陌生人，并且不愿意交往，就将脸左转；如果你与对方都伸出两个手指，表示你们愿意相识，就握一下手；如果你与对方都伸出三个手指，表示喜欢对方，就双手握一下；如果你与对方都伸出四个手指，表示你们愿意分享对方的快乐，承担对方的痛苦，能真心实意地为对方付出，就拥抱一下；如果你与对方伸出的手指不一样，就不用做任何动作。

【游戏心理分析】

痛苦和快乐都是情绪的一种状态。心理学家认为，情绪是指伴随着认知和意识过程产生的对外界事物的态度，是对客观事物和主体需求之间关系的反应，是以个体的愿望和需要为中介的一种心理活动，包含情绪体验、情绪行为、情绪唤醒和对刺激物的认知等复杂成分，它的产生与人们的认知、生理和刺激有关。知道了这些情绪表达的方式，我们就可以更加深入地了解别人，以便明白什么时候应该做怎样的反应来回应对方，才能让对方更满意。

超级大头贴

游戏目的：

通过游戏认识到保持快乐情绪的重要性。

游戏准备：

人数：最少 10 人
时间：不限。
场地：室内。
材料：椅子、写着答案的纸片。

游戏步骤：

1. 将参与游戏的人分成两组。

2. 每组派出一人面对面坐在中央，中间放一张椅子。

3. 主持人在宣布题目后，分别把两张写着答案的纸片放在出列的两人头上。这两人只能看到对方头上的答案，但不能看到自己头上的。

4. 当主持人说开始时，两人开始问问题猜自己头上的答案，但必须先拍打放在中央的椅子来抢"问"。问的问题也只能问是非题。

5. 组员可在旁边帮忙回答，但不能问问题或讲答案。

6. 每人用三十秒到一分钟的时间来问问题（看题目难度而定），有三次（看题目难度而定）的机会猜答案。

7. 每一轮派不同的人上来猜不同的答案，直到所有的答案被猜完。

8. 可看每组猜对的数目来算分数，输的队必须接受处罚。

【游戏心理分析】

这是一个可以调动人们情绪的游戏。快乐情绪，大部分取决于自己对人对事的态度。人们在游戏中不管输赢，都要保持良好的心情，只有在好的心情状况下，人们才能发挥出自己应有的水平。这样人们不仅能让自己在游戏中胜出，还能保持好心情。

猫捉活老鼠

游戏目的：

让自己的情绪效能发挥到最大化。

游戏准备：

人数：不限。

时间：不限。

场地：不限。

材料：无。

游戏步骤：

1. 在参加游戏的人中，选一个人做猫躲一边窥视着。其他人做老鼠。

2. 在猫没有出现时，一群老鼠"吱——吱——"叫着，尽兴地玩着。忽然，"喵——喵——"。这声音把正在玩耍的所有老鼠吓呆了，一个个单腿立定，另一条腿缩着，两只前爪缩在胸前，撑住低垂的头。全身一动不动——死了。

3. 猫从"死老鼠"身边经过，并不吃它，只冲着"死老鼠""喵——喵"地叫着。如果"死老鼠"单腿站不住歪倒了，或另一条腿着地了，那就是"活"了。猫便扑过去，抓住它。

4. 被抓住的"老鼠"受罚表演一个节目，然后充当猫的角色，继续捉老鼠。

【游戏心理分析】

做这个游戏，首先要跨越的是心理障碍。人们在扮演猫和老鼠的过程中，总会遇到一些难以克服的心理状态，面对这种心理状态，如何调节是这个游戏的关键。这其实是一种态度心理。态度含有认知、情感以及意向三方面。这三种因素加起来就构成了一个人的态度。正视自己的心理，端正自己的态度是人们正视问题的关键。

微笑伴随你

游戏目的：

微笑似乎是上帝赋予人类的特权，丧失了什么也不要丧失笑容——那是对自己、他人和这世界最美丽的祝福。通过游戏让人们认识到微笑的重要性。

游戏准备：

人数：不限。

时间：不限。

场地：不限。

材料：游戏卡和笔。

游戏步骤：

参加游戏的每一个人都会首先分到一张游戏卡，在游戏卡上面，参与者根据自己的实际情况，用"没有"、"偶尔"、"经常"或"一直如此"来判断下列说法。

1. 你是否一直感到伤心或悲哀？

2. 你是否感到前途渺茫？

3. 你是否觉得自己没有价值或自以为是一个失败者？

4. 你是否常常觉得力不从心或自叹比不上别人？

5. 你是否对任何事都自责？

6. 你是否在做决定时犹豫不决？

7. 这段时间你是否一直处于愤怒和不满状态？

8. 你对事业、家庭、爱好或朋友是否丧失了兴趣？

9. 你是否感到一蹶不振，做任何事都毫无动力？

10. 你是否以为自己已衰老或失去魅力？

11. 你是否感到食欲不振？或情不自禁地暴饮暴食？

12. 你是否患有失眠症？或整天感到体力不支，昏昏欲睡？

13. 你是否丧失了对性的兴趣？

14. 你是否经常担心自己的健康？

15. 你是否常常觉得生存没有意义，甚至感觉生不如死？

回答"没有"得 0 分，"偶尔"得 1 分，"经常"得 2 分，"一直如此"得 3 分。

0～4 分：忧郁离你很远，微笑会常在你身边。

5～10 分：你偶尔会有些忧郁情绪，但并不至于影响你的心态，你会适时调整心理，让微笑不会长时间地离开。

11～30 分：你可能已经染上或轻或重的忧郁症，仿佛迷路在黑暗的森林里。你所要做的是打开心扉，不要逃避，努力寻回微笑这个好朋友。

31～45 分：你的忧郁症恐怕已很严重，想想看有多久没有微笑过？如果自我调节已经非常困难，可以尝试进行一些心理治疗，或者多与朋友、亲人沟通，不要凡事闷在心里。

【游戏心理分析】

微笑是人类特有的一种微妙表情，是自信的标志，也是礼貌的表示，微笑具有震撼人心的力量。微笑是沟通人际关系的法宝。真诚的笑会拉近人与人的距离，会使人解除心灵上的戒备。如果我们对别人露出微笑，只要他跟你没有深仇大恨，那么他也会回以一个温暖的表示。而如果我们对他露出不悦之色，哪怕只是一瞬间的表情，也会让他对我们不满。

微笑还是解除别人武装的最佳武器。你所面对的人难免有的爱发脾气，有的刻薄挑剔，有的出言不逊，有的咄咄逼人，还有的早就与你心有芥蒂。对付这些人，得体的微笑往往比口若悬河更加有效。

所以，每天给世界一个微笑。每天，你出门的时候，请保持微笑，别忘了对你的家人说再见；你在路上遇见一个陌生人，请保持友善的微笑，那么你也会收获一个来自陌生人的祝福；请给帮助你的人一个衷心感激的微笑；请给那些不幸的弱者一个真心鼓励的微笑，这样世界会跟你一起微笑。

瞎子走路

游戏目的：

看看你的想象力。

游戏准备：

人数：不限。

时间：不限。

场地：不限。

材料：不限。

游戏步骤：

两人一组（如 A 与 B）A 先闭上眼睛，将手交给 B，B 可以虚构任何地形或路线，口述注意事项指引 A 行进。如："向前走……迈台阶……跨过一道小沟……向左边拐……"然后交换角色，B 闭眼，A 指引 B 走路。

【游戏心理分析】

想象力和表演能力在这个游戏中能够最大限度地发挥出来，从想象力可以看出一个人的心理状况。想象的事物往往是人们心理最期盼、最真实的心理活动。想象力是人们情绪的发源地，正是有了想象力，才让人们的情绪有了落脚点。一个人的想象力是无限的，他的创意也是无穷的。想象是人们创意和思想的源泉，人们充分发挥自己的想象力才能打开自己的思维空间。

身心互动游戏

游戏目的：

使人们了解身心互动原理，学会并掌握运用肢体动作改变情绪状态。

游戏准备：

人数：不限。

时间：5~10分钟。

场地：宽敞的会议室。

材料：无。

游戏步骤：

1. 请大家全体起立，然后坐下；再次请大家全体起立，不过这次的速度要比刚才快 10 倍，然后再坐下；第三次起立要求比第二次再快 10 倍。

2. 问大家是否感觉到一种振奋的情绪。

3. 请大家抬头看天花板，张开嘴巴大笑三声，要求每个人想一件人生中最悲伤的事，持续 15 秒钟，然后请大家回到自然状态。

4. 这时，主持人将声音放低，要求大家慢慢地把头低下来，请大家想令他们特别开心的事情，持续 15 秒钟，然后回到自然状态。

【游戏心理分析】

当让你想悲伤事情的时候，你当时的体会如何？兴奋的动作是否阻止了你的悲伤？当让你想快乐事情的时候，你当时的体会又如何？消极的动作是否影响了你的快乐？

肢体动作是情绪的一个出口，适当地调节肢体动作，改变心理的变化是我们要达到的最终目的。从一些细微的小动作中可以看出一个人的性情概况，这是长期观察可以得到的结果。很多时候，一个人的情绪可以通过动作传递出来，在人与事之间，我们也可以通过身与心的交流做到更好的协调。

快乐打分

游戏目的：

快乐对于人类来讲是非常重要的情感。下面的游戏可以测试一下人们的快乐程度，看看你目前的状态是快乐还是不快乐。

游戏准备：

人数：不限。

时间：不限。

场地：不限。

材料：白纸和笔。

游戏步骤：

这是一个关于人们心理状态和情绪的游戏。你只需按自己的实际情况选"是"或"否"即可。

1. 一个人完全可以把大多数精力花在自己的个人喜好上，哪怕比社会交往和本职工作还多也没关系。（是）

2. 在做某件事时，为了避免有意外情况发生，应该对事情完全清楚明了之后，在肯定不会出问题的情况下，再着手去做。（否）

3. 一个身体有这样那样问题的人，很少能体会到生活的快乐。（是）

4. 清晨，从梦中苏醒过来的时候，在被子里多享受一会儿，比第一时间穿衣、起身的感觉更让人愉快。（否）

5. 如果某人对目前生活状态的判断过于实际，他会感觉到已经定好的人生目标很可能无法完全实现。（否）

6. 一个人在对你说话时表现得很狡黠，但从他的笑容、神态、语调中仍能体会到他内心的真实想法。（否）

7. 虽然大多数人喜欢在万籁俱寂的深夜入眠，但也有不少人更喜欢在晨曦微露时分安然入梦。（否）

8. 与别人对你的表扬相比，你更关心别人对你的负面评论。（否）

9. 对男人来说，女人的个性过强，要与其相处融洽是很困难的。（否）

10. 做事认真仔细、能够吃苦以及从不骄傲、好学的人，比一些循规蹈矩、安于现状的人更令人喜爱。（否）

11. 你所追求的事情因某种意外而被迫中断，为此你十分懊恼。（否）

12. 由于女性所经受的困难以及不好的境遇相对较多，所以与男人相比，她们经常更能对某一事物进行深入细致的分析和评判。（否）

13. 一个人如果获得一笔巨额的财产，就会觉得十分幸福、快乐。（否）

14. 你觉得社会科学、宗教信仰有道理吗？你崇拜过某个人吗？（是）

15. 人们经常将自己沉浸在幻想中，因为他们可以把自己想象成无所不能的勇士。（否）

16. 在一般情况下，你都会选择在人少的地方出现，因为你认为在人群聚集的地方会感到烦躁、心神不宁。（否）

17. 一个完全可以掌控自己人生的人，当然也有能力把握自己的每一次机遇和挑战。（否）

18. 在这个城市从事不同行业的大多数人中，你所得到的工资待遇是比较丰厚的。（否）

19. 正常情况下，人们是不会也不该和自己并不喜欢的人结婚的。（是）

20. 你对自己身边的人都持肯定的态度，对此，你会感到如何？

（1）自己头脑十分简单，因为也许这些人最终会背叛自己。（是）

（2）并不觉得自己头脑简单，因为你感到这些人都是值得信赖和依靠的。（是）

（3）并不觉得自己头脑简单，因为你完全可以对自己信赖什么人负责。（否）

在所有题目中，第20题，如果你的答案与所给答案相同，那么给自己加两分，其余各题每一个相符的回答计1分。将你的所有得分相加，得到的总分便是你这项测试的分数。

0～11分：这是一个比较低的分数，同时也说明你目前生活的快乐指数也相对较低。学一学用快乐的眼睛去发现多彩人生吧。

12～14分：这是个一般性的分数，你对快乐的体验也基本处于中间状态，你只能体会到事物最表层显露出来的快乐或忧伤，并不善于过多地深入分析。

15～16分：这个分数应属于良好，你比较能够以积极的心态对待生活，也能够从生活中发现快乐，生活得相对充实。

17～22分：这个分数应为优良，你是一个真正快乐的人，知道如何在不尽如人意的生活中体会掩藏得很深的快乐。你的处世方法、处世心态都值得称赞。

【游戏心理分析】

心理学的研究证实，情绪是互相感染的，和笑口常开的人交往，会让人放松、快乐；与愁眉苦脸的人相处，则使人紧张、愁苦。快乐能传播良好的情绪体验，这对增进双方的好感很有帮助。快乐情绪还能拉近人与人之间的距离，对交往有着良好的促进作用。所以，当你对别人微笑的时候，其实就是在传递一种快乐积极的信号，这表示你告诉别人，你很高兴认识对方，这样对方就能与你产生精神上的共鸣。所以，请你在与人们的交往中，亮出你真诚美丽的笑容，带给他人一份欢乐。

幽默细胞

游戏目的：

看看你是不是一个有幽默细胞的人。

游戏准备：

人数：不限。

时间：不限。

场地：不限。

材料：白纸和笔。

游戏步骤：

下面的这些题目，你只需回答"是的""不知道"或"不是"就可以轻松看看你自己有多少幽默细胞了。

1. 你阅读笑话书吗？

2. 你是否喜欢滑稽影片？

3. 你是否会对描述艰苦生活的老影片发笑？

4. 你讲黄色小笑话吗？

5. 你是否很少感到局促不安？

6. 你是否更喜欢看喜剧片？

7. 你是否会对恶作剧发笑？

8. 你是否曾经喝醉酒？

9. 你是否会在一个晚上搞搞怪？

10. 你是否嘲笑逆境？

11. 你是否愿意成为一名喜剧明星？

12. 你是否有时会嘲笑自己？

13. 你是否在春风得意时栽过跟头？

14. 你是否每天至少大笑一次？

15. 你是否会感到马戏团的小丑很好笑？

16. 你是否会对从前听过的笑话感到好笑？

17. 你搞恶作剧吗？

18. 如果别人取笑你，你会微笑吗？

19. 如果你被雨淋了，你是否会笑？

20. 如果你在艺术展览馆看到一个裸体雕像，你会微笑吗？

21. 如果你看到有人踩在香蕉皮上，你会发笑吗？

22. 你经常大声笑吗？

23. 有时你会让人发笑，对吗？

24. 你在工作中开玩笑吗？

25. 你很容易理解笑话吗？

回答"是"得2分，回答"不知道"得1分，回答"不是"得0分。

17分以下：你似乎是那种十分严肃的人，而且不会特别注意事物有趣的一面。

你可能十分内向，而且讨厌那种聚会：一群无所事事的人待在一起，无缘无故地大声喧闹取笑。但是，如果某些事情的确让你感到好笑，你也会情不自禁地笑出声来，这会让周围的人感到困惑，因为他们很少看到你的这一面。

你应当记住，我们每个人都是不同的，会因为不同的事情而发笑。同时，当身处困境时，应当尽量用积极的心态去面对，这样可以帮助我们走出困境。

18～35分：你可能拥有平衡的幽默感，能够看到事物有趣的一面，同时又能够对人们的不幸给予同情。

尽管你会对引你发笑的事物作出直截了当的反应，但是你对这些逗你笑的事物是很有选择的。有些人会被粗鲁庸俗的笑话激怒，而其他人则可能会觉得这些笑话很有趣；有些人只对不会冒犯其他人的更精妙的幽默作出反应，例如机智的双关语。

36～50分：你非常热切地追求趣味感，这表明在很大程度上，你的生活处于良好状态。

尽管这并不一定说明你对周围发生的所有事情都感到好笑，但是能够逗你发笑，或者你感到很有趣的事情的确很多。

但是，这种机智不能算是一种优点，例如，拿别人的不幸来取乐的行为显然不会被欣赏，而且在某些情况下可能会引发冲突。

众所周知，良好和广泛的幽默感意味着你对生活抱着乐观积极的态度，而且会帮助你赢得很多朋友，只是你要注意不要冒犯别人，而且要知道什么时候应该适可而止。

【游戏心理分析】

幽默是指某事物所具有的荒谬荒唐的、出人意料的、而就表现方式上又是含蓄或令人回味深长的特征。幽默是一种个性，更是一种能力。幽默使生活充满情趣，哪里有幽默，哪里就有活跃的氛围。在人际交往中，拥有幽默就拥有爱和友谊。

生活中运用幽默，可缓解矛盾，调节情绪，促使心理处于相对平衡状态。著名的喜剧大师卓别林曾说："通过幽默，我们在貌似正常的现象中看出不正常的现象，在貌似重要的事物中看出不重要的事物。"当然，在幽默的同时还应注意，不同问题要不同对待，在处理问题时要极具灵活性，做到幽默而不落俗套。

不要激怒我

游戏目的：

让人们认识到控制情绪的重要性。

游戏准备：

人数：不限。

时间：不限。

场地：不限。

材料：需要卡片或白纸一沓。

游戏步骤：

1. 将参与者分成 3 人一组，但要保证是偶数组，每两组进行一场游戏。告诉他们：他们正处于一场商务场景当中，比如商务谈判、老板对员工进行业绩评估。

2. 给每个小组一张白纸，让他们在 3 分钟时间内列举出尽可能多的会激怒别人的话语，比如："不行"、"这是不可能的"等。每一个小组要注意不要让另外一组事先了解到他们会使用的话语。

3. 让每一个小组写出一个 1 分钟的剧本，当中要尽可能多地出现那些激怒人的词语，给出 10 分钟予以准备。

4. 告诉大家评分标准：每个激怒性的词语给一分；每个激怒性词语的激怒程度给 1~3 分不等；如果表演者使用这些会激怒对方的词语时表现出真诚、合作的态度，另外加 5 分。

5. 让一个小组先开始表演，另一个小组的成员在纸上写下他们所听到的激怒性词汇。

6.表演结束后，让表演的小组确认他们所说的那些激怒性的词汇，必要时要对其作出解释，然后两个小组对换角色，重复上述的过程。

7.第二个小组的表演结束之后，大家一起分别给每一个小组打分，给分数最高的那一组颁发"火上浇油奖"。

【游戏心理分析】

愤怒是一种情绪状态，按照强度不同可分为轻微的愤怒、强烈的愤怒，直至暴怒。引起愤怒的原因有很多，每个人都不可避免地会产生愤怒的情绪。如同学关系疏远、师生关系紧张，而且长期、持续的愤怒对个体的健康损害也是极大的。经常发怒的人，容易患高血压、冠心病，可使病情加重，甚至危及生命。愤怒可使食欲降低，影响消化，经常发怒可使消化系统的生理功能发生紊乱。愤怒还会影响腺体的分泌功能。过度的愤怒甚至还会使人丧失理智，引发犯罪或其他后果。因此，控制愤怒的情绪十分重要。

如果你控制不了自己的情绪，经常发怒，不妨试试以下几招：

第一，深呼吸。数次深呼吸可使你逐渐平静下来。

第二，理智分析。将事情稍加分析，你就会很快控制住自己。

第三，寻找共同点。虽然对方在这个问题上与你意见不同，但在别的方面你们是有共同点的。你们可搁置争议，先就共同点进行合作。

第四，回想美好时光。想一想你们过去亲密合作时的愉快时光，这样能使心情放松下来。

抢毛巾

游戏目的：

让人们在紧张的情绪中学会放松和自制。

游戏准备：

人数：不限。

时间：不限。

场地：不限。

材料：一条毛巾或抹布、一个硬币。

游戏步骤:

1. 将参与者分两队。每队排成直线,两队中间隔些距离。每个人面向外边方向,手牵着手,闭眼。

2. 两队的第一人面向相反方向(向内边),张开眼睛。

3. 主持人把一条毛巾放在两队最后的中间位置,离两队最后一人各有相同距离。

4. 主持人坐在两队第一人的中间。此时应该除了第一人的眼睛是张开的外,其余的全闭上。

5. 主持人先告诉第一人硬币的正反面,然后开始投掷。如果为正面,第一人必须马上按一下下个人的手,然后不出声地直传下去。

6. 当最后一人感觉到被按,必须马上去抢夺毛巾。先得到毛巾的那人放回毛巾,走到最前头成为第一人。没抢到毛巾的那一人留在原位,直到抢到毛巾为止才能换到前头。

7. 看哪一组最先轮完算哪组赢。

【游戏心理分析】

这个游戏一直在紧张的气氛中完成。紧张是人体在精神及肉体两方面对外界事物反应的加强。人们在游戏中要学会自我控制,按照一套特定的程序,以机体的一些随意反应来改善机体的另一些非随意反应,用心理过程来影响非心理过程,从而达到放松的效果,以缓解紧张和焦虑等不良情绪。心理状况的变化会让人们在处理事情的时候失常,挫折更会让人们的行为受阻,所以,我们在这个游戏中要调整好自己的心理状态,保持平稳的心态,人们才能做到坦然处之,才能将自己的潜在能力发挥出来。

笑对小错

游戏目的:

人们在生活中总会遇到一些错误,面对错误,你会以一个什么样的态度面对呢?在这个游戏中,我们要学会不管是自己的错误还是别人的错误,我们都应该有面对的勇气和力量。

游戏准备：

人数：不限。

时间：不限。

场地：不限。

材料：无。

游戏步骤：

1. 参与者站成半圆形，按顺序报数，以便每个人都有一个数字。

2. 第一个人（队列中的 1 号）叫另一个人的号，"12 号！"被叫的人立即叫另一个人的号，"5 号！"接着被叫的人很快叫出另一个号，"8 号！"第一个有点儿犹豫的人，或者叫了一个错号（他自己的号，或者是一个不存在的号）的人放弃自己的位置，走到队尾。此时队伍重新编号。

3. 游戏继续进行，总会有人不断犯错误，不得不移到队尾。但是这里有一个要求，不必作出惨相或难过状，他们必须举起一个拳头，胜利地嚷嚷："对！"并骄傲地昂首走到队尾。每个人都必须为他鼓掌。

4. 大约五分钟后叫停。

【游戏心理分析】

逃避是一种无法解决问题的心态和没有勇气面对挑战的行为。如果一个人不能在重大事情上接受命运的挑战，只知道逃避，他就不可能有平和、快乐的感觉，同样也不可能摆脱这些困扰，只能由于胆怯自卑而失去竞争的勇气。谁都会遭遇失败，不同的只是失败次数的多少而已。失败并不可怕，可怕的是对待失败的消极态度。

自尊心

游戏目的：

让人们更深层次地加深对自尊心的理解。

游戏准备：

人数：不限。

时间：不限。

场地：不限。

材料：游戏卡和笔。

游戏步骤：

这张游戏卡分为两部分。参与者每人拿到游戏卡后在游戏卡上选择适合自己的答案：A. 我同意，B. 我非常同意，C. 我完全不同意。

第一部分

1. 你是否欣赏自己克服困难的方式？

2. 你是否接受别人对你的夸奖？

3. 你是否认为自己是一个具有许多独特品质的优秀人才？

4. 当别人过分要求你、挑剔你、为难你的时候，你是否保持冷静和清醒？

5. 你是否独自享受高品质的时间？

6. 你是否能很好地照顾自己？

7. 你是否珍惜自己获得的一切，并且不会为不擅长的事而担心？

8. 你是否喜欢、钟爱并关爱自己？

9. 你是否认真听取并仔细考虑别人对你的批评，听取那些有用的建议并舍弃其他那些无用的？

10. 和别人谈论自己时，你是否表达对自己的尊重和欣赏？

第二部分

11. 面对别人的批评，你的反应是替自己申辩还是默默忍受委屈？

12. 你是否频繁或持续不断地参加一些活动，尽管你知道这些活动会对你的健康有害，或者会破坏你的幸福？

13. 你是否在别人面前消极地谈论自己，抱怨、否定自己，以至于其他人认识不到你的优点或者很容易对你产生负面印象？

14. 为了维持和朋友的友谊，你对他们是否应该比他们对你更加慷慨？

15. 你是否偷偷地感到你没价值、没有用，如果人们知道了你的过去，没有人会喜欢你？

16. 你是否认为应该和别人的行为保持一致，以便让他们喜欢你？

17. 你的着装看起来是否与众不同？你是否在你的外表上投入很大的时间和精力？因为你认为如果离开化妆、服饰、轿车，你就不会被别人接受。

18. 为了维持某种关系，你是否觉得自己不得不去做一些自己并不喜欢的事？

19. 你是否发现拒绝别人很难？

20. 你是否讨厌独自一人，无人陪伴？

选 A 得 1 分，选 B 得 2 分，选 C 得 0 分。

第一部分

1～5 分：你十分缺乏自尊心。因为你缺乏自尊心，所以你就退缩，变得消极或者止步不前，这样你就失去了培养自信心的机会。解决这个问题的秘诀就是多练习一些与培养自尊心相关的活动，你练习得多了，那么这些事情对于你来说也就自然了。

6～10 分：你没有良好的自尊心，但你已经在努力地培养它，而且你也十分清楚这需要发展自身持久的自信心和稳定性。生活中一些困难的经历很可能会对你产生不利的影响，所以你需要多做一些工作来增强自己的信心。你对自己有正确的态度，在此基础上，你可以多加注意，有意识地增强自我价值感。

11～15 分：你具备良好的自尊心，十分自信、自重，比较满意目前的自我。你情绪上可能稍有不稳，但这很正常，大多数情况下你知道该怎样应付。你十分清楚自尊心要靠自己来培养，并且你已经准备好怎么做了。

16～20 分：你具有非同一般的自尊心，而且你将它驾驭得很好。但是你要记住：别人不会像你那么自信，所以当你理解这些人的需要和态度时会有些难度。

第二部分

1～10 分：你对自己较低的自我价值评定可能和你的一些个人问题相关。问题可能出现在你生活的某个领域，或者由于你的某种性格。这些问题也许在童年就已经存在了，并且在成长过程中，被一些生活经历强化了。做一些补救工作吧，一定要端正自己的态度，这些事只要着手去做，什么时候也不晚。先从一件事情入手，比如自豪地谈论自己，或更好地照顾自己、维护你的家庭环境。努力尝试让别人去帮助你，如果他们拒绝帮助，那么实际上你并不像自己所想的那样需要他们。

11～20 分：你对自我价值评定很低，有时你会发现生活真的很困难。你可能没有很强的认同感，而且有时会很容易受到别人的控制和影响。你对别人的批评和负面的评价很敏感。当需要冒险去改进的时候，你却没有足够的信心，并且你害怕孤单。快停止自己习惯性的消极思维和行为，这将是一场战斗。

【游戏心理分析】

自尊心强的人，能够积极履行个人对社会和他人应尽的义务，为人处世光明磊落，对工作有强烈的责任心；在学习方面，能够发扬自觉、勤奋、刻苦的精神；在群体中，肯定自己、接纳自己的体验，不仅对自己持肯定态度，也往往能接纳别人，乐于参加社会活动。自尊心不强则表现出对自己持否定态度、对别人也往往不够信任或缺乏善意，较少参与同他人的交往。

自尊心过强也不可取。刚者易折，洁者易污，自尊心过强的人会显得特别脆弱，容易被人伤害。这种人往往欠随和，别人偶尔不慎说了句不够尊重他的话，他就会产生强烈的情绪反应，因此，难以和他人相处。自尊心过强的常见原因是自视过高。这种人应当从调整自我评价入手，不要夸大自己的长处和成绩，同时，也要清醒而充分地认识到自己的缺点和不足，全面地、实事求是地对待自己。

【心理密码解读】

喜怒哀乐是怎么一回事

你一定有过这样的经历：遇到喜庆的事情就会喜上眉梢，遇到生气的事情就会愤怒无比，遇到伤心的事情就会悲哀怜怜，遇到高兴的事情就会开心快乐……其实，这一切都要归属于我们的情绪。

情绪是人类最熟悉、体会最深的一种心理活动。我们每个人都有情绪反应，而喜怒哀乐是最基本的情绪状态，每个人都在反复体验着这些情绪。那么情绪究竟是怎么一回事呢？

一般认为，情绪是个体感受并认识到刺激事件后而产生的身心激动反应。

何谓刺激事件？此处所说的刺激事件不仅指来自外部环境的某种刺激（诸如，看见一只色彩斑斓的蜘蛛、一句滑稽的话、一声婴儿的啼哭，等等），而且还包括来自个体内部环境的生理上的以及心理上的刺激。具体而言，胃痛或牙痛、饥饿干渴、气喘心跳等属于身体内部的生理刺激，而想到度假、想到考试、想到恋人、想到去世的朋友等则属于来自内心的刺激，它们都会引起你的情绪反应。

个体对刺激事件的认识，比如，一种气味，淡淡的，你嗅到后并无异样感受，如果传来一阵水果的味道，那是你喜欢吃的水果，这种香味让你感到愉悦。但是，另一种你不喜欢吃的水果散发阵阵气味，你闻到后感到很难受，这些都是由于外界刺激而引起的情绪。

情绪的好和坏事实上与我们自己的心态和想法有关，与刺激关系并不大。一件事，在别人眼中看着是悲哀的，在你眼中也许就是喜乐的，关键看自己怎么想了。

情绪无所谓对错，常常是短暂的。人类拥有数百种情绪，它们或泾渭分明，或相互渗透。在纷繁复杂的情绪面前，语言实在是有点苍白无力。

人的基本情绪有以下几种：

快乐：快乐是一种愉快的情绪，是人的需要得到满足时产生的喜悦体验。

愤怒：愤怒与快乐是相对的两极，怒是由于事与愿违，期望不仅未能如愿，反而出现根本不愿意见到的东西，从而使原有的紧张不仅未能解除，反而加重心理的压力体验；或突然遭到意外，瞬间引起的心理感受。

悲哀：悲哀产生于所热爱和所盼望的事物突然消失或泯灭，是心理感受到的失落、空虚、渺茫、不知所措，是心理上另一种刺痛的体验。

情绪和情感是十分复杂的心理现象。西方心理学著作常常把无限纷繁的情绪和情感概称为感情。这样，感情的概念就包括了心理学中使用的情感和情绪两个方面。

日常生活中，人们对情绪与情感并不作严格的区别，但在心理学中，情绪与情感是既有区别又有联系的两个概念。

情绪和情感二者的区别表现在：

第一，情绪通常是与生理需要相联系的体验。例如，由于饮食的需求而引起满意或不满意的情绪，由于危险情景引起的恐惧，和搏斗相联系的愤怒等。因此，情绪为人和动物所共有。但是，人的情绪在本质上与动物的情绪有所不同。即使人类最简单的情绪，在它产生和起作用的时候，都受人的社会生活方式、社会习俗和文化教养的影响和制约。由于这个原因，人在满足基本需要的生活活动中，那些直接或间接地与人的这些需要相联系的事物，在人的反映中都带有各种各样的情绪色彩。例如，难闻的气味能引起厌恶的情调，素雅整洁的房间使人产生恬静舒适的心情。

第二，情绪具有情境性、冲动性和短暂性。它往往由某种情境引起，一旦发生，冲动性较强，不容易控制，外显成分比较突出，表现形式带有较多的原始动力特征。时过境迁，情绪就会随之减弱或消失。情感具有稳定性、深刻性、持久性，是对人对事稳定的态度体验，它始终处于意识的控制之下，且多以内隐的形式存在或以微妙的方式流露出来。例如，孩子的顽皮可能引起母亲的愤怒，但这具有情境性，每一个做母亲的绝不会因为孩子引起她的一次生气，而失掉亲子之爱的情感。

除了区别，二者的联系也是非常紧密的，这主要体现在：

一方面，情感依赖于情绪。人先有情绪后有情感，情感是在情绪的基础上发展起来的，而且情感总是通过各种不断变化的情绪得以表现，离开具体情绪，人的情感就难以表现和存在。例如，当人们看到小偷行窃时，愤恨的情绪使人产生正义感。

另一方面，情绪也有赖于情感。情绪的不同变化，一般都受个人已经形成的社会情感的影响。例如，在非常艰苦的条件下，人们受高尚情感的支配，可以克服很多常人难以想象的困难，让自己的情绪服从于情感。

在现实生活中，人的情绪与情感是难以彼此分离的两种心理现象。就大脑的活动而言，情绪与情感是同一物质过程的心理形式，是同一事物的两个侧面或两个着眼点，是相互依存、不可分割的，有时甚至可以互相通用。

第三章　探测个人的真性情

烧绳子

游戏目的：

培养人们如何在困难的情况下乐观向上。

游戏准备：

人数：不限。

时间：10 分钟。

场地：室外。

材料：绳子 2 根（每组）、火柴一盒。

游戏步骤：

主持人向人们提问：

1. 烧一根不均匀的绳要用一个小时，如何用它来算出半个小时的时间呢？

2. 烧一根不均匀的绳，从头烧到尾总共需要 1 个小时。现在有两条材质相同的绳子，问：如何用烧绳的方法来计时 45 分钟？

答案：

将绳子分别设为 A 和 B。

计时半小时的方法：将 A 或 B 的两端同时点燃，绳子烧完即为半小时。

计时 45 分钟的方法：将 A 的一端点燃，B 的两端点燃。当 B 烧完时，即过了 30 分钟；A 还剩下 30 分钟才能烧完。这时点燃 A 的另一端，这样 A 就又燃烧了 15 分钟。

【游戏心理分析】

开创自己的人生并非像人们所想象的或像文学影视作品中所描绘的那样

潇洒。实际上，在生活中你可能会遇见数不清的障碍和困难。只要有一个问题没解决，只要有一个障碍迈不过去，就可能前功尽弃。

对待挫折，法国大作家巴尔扎克说："挫折是强者的无价之宝，弱者的无底之渊。"强者在挫折面前会愈挫愈勇，而弱者面对挫折会颓然不前。

挫折孕育着成功，前提是具有坚定的信念和勇往直前的精神。当具备了这些条件之后，挫折就会被你踩在脚下，明天就是拨开浮云见明日之时。

付工钱

游戏目的：

1. 面对紧张的情况如何克服。
2. 坦然地面对他人的质疑。

游戏准备：

人数：不限。

时间：10 分钟。

场地：不限。

材料：无。

游戏步骤：

你让工人为你工作 7 天，给工人的回报是一根金条。金条平分成相连的 7 段，你必须在每天结束时都付费。如果只许你两次把金条弄断，你如何给你的工人付费？

答案：

两次弄断就应分成三份，把金条分成 1/7、2/7 和 4/7 三份。这样，第一天就可以给工人 1/7；第 2 天给他 2/7，让他找回 1/7；第 3 天再给他 1/7，加上原先的 2/7 就是 3/7；第 4 天给他那块 4/7，让他找回那两块 1/7 和 2/7 的金条；第 5 天，再给他 1/7；第 6 天和第 2 天一样；第 7 天给他找回的那个 1/7。

【游戏心理分析】

在这个游戏中，端正心态是这个游戏的关键。如果在游戏中过于紧张，会影响到人们的全部情感。紧张情绪是人们因某种压力所引起的高度调动人体内部潜力以对付压力而出现的生理和心理上的应激变化。适度的紧张有助于人们激发内在潜力，过度紧张则会影响人的身心健康。

克服恐惧

游戏目的：

激发演讲者的自信和能力。

游戏准备：

人数：不限。

时间：15分钟以上。

场地：教室。

材料：题板纸、笔。

游戏步骤：

1. 开始游戏前主持人问参与者："你们认为在各自的生活圈子里，大多数人最害怕的是什么？"将答案简明地写在题板纸上，询问大家是否同意这些意见。告诉大家，大多数人的恐惧都是类似的。让人们尽可能多地说出克服恐惧的方法。展示小组讨论，记录下人们认为最有效的方法。

2. 选出相对最恐惧在公众场合发言的人，让他上台大声朗读这些克服恐惧的方法给大家听。

【游戏心理分析】

常见的恐惧心理有恐高症、恐水症、恐黑症、恐旷症、幽闭症，等等，它们都表现为对某一样东西强烈的、病态的害怕。你不要为自己有某种恐惧而担心，大多数人都承认有过病态恐惧，只是程度轻重不同而已。恐惧自我疗法的重要方法是：先分析一下产生某种恐惧的主要原因，如果是某事引起你的恐惧，你就将当时的事件回想一遍，要从头到尾仔细回想，然后再回想一遍。第三次、第四次……由于你不断置身于恐惧环境中，就会逐渐对其环境不感到恐惧了。

许多人都有一些恐怖心理，有些人不能克服自己的恐惧，那是因为他们对自己或对他人否认存在恐惧。或许是在很久以前我们被教导过,恐惧意味着软弱,被恐惧吓倒是一种失败,因此,我们找出各种各样的方法来否认和逃避我们的情感。摆脱恐惧的唯一方法是直接面对,并勇敢地接受,没有任何捷径可循。

赞美他人

游戏目的:

1. 使人们学会赞美他人的优点。
2. 使人们在他人的赞美中积极地评价自己。

游戏准备:

人数:不限。
时间:5分钟。
场地:不限。
材料:规格为3厘米×5厘米的卡片。

游戏步骤:

1. 请每位参与者为其他人填一张卡片,完成下述句子,如"我最喜欢……(人名)的一点是……"或"我在……(人名)身上看到的最显著的优点是……"
2. 把收上来的卡片发给对应名字的人们,这样,每个人都能带着对自己的正确评价满意地离去。

【游戏心理分析】

赞美是一种对他人的认可心理。真诚地赞美他人是认可属于他人身上的一种内在的东西,人们要懂得在别人的赞扬中客观地评价自己,增加自己的内涵。在心理学上有一个名词叫做赞许动机,是指交往的目的是得到对方的鼓励和称赞,以获得心理上的满足。

赞美得当,能够增强人的上进心和责任感,激发人们的积极情绪和情感。赞美不得当,不仅不能起到应有的作用,反而使人生厌,不利于人际关系的开展。

摆脱束缚

游戏目的：

了解生活中的积极因素和消极因素。

游戏准备：

人数：不限。

时间：10分钟。

场地：室内、室外均可。

材料：每人一张纸、一支笔。

游戏步骤：

1. 主持人向人们说明这样一个情况：人们在工作中总会受制于种种束缚，这些束缚给我们处理问题带来了障碍，现在我们深入探讨这些束缚如何形成。

2. 请人们用2分钟时间思考正打算做或停止做的工作，弄清楚是什么因素阻碍自己达到目的。这些因素包括：

（1）实际无法通融的约束（如上司的命令）。

（2）略有余地的约束。

（3）可以变通的约束。

（4）想象中的约束（被自己夸大了的因素）。

3. 主持人向人们强调，在这些阻碍因素中，有95%属于可以变通和想象中的因素。

4. 请人们分析一下束缚自己的因素，并与他人进行交流。然后，设想一下，假如去实践甚至去冒险，结果会怎样。

【游戏心理分析】

一个人有了约束感，就会产生逆反心理。约束会让人们产生困顿和烦躁情绪，从而影响人们的心理状态。我们必须培养和树立信心，这样才有可能摆脱束缚，勇敢地去做自己想做的事，否则会畏首畏尾，永远走不出黑暗。不论遇到什么问题，哪怕是面临失败，我们都不应该灰心丧气，要勇敢地正视它，以积极的态度寻找解决的办法。一旦问题解决了，我们的自信心也会为之大增。

暗器高手

游戏目的：

这是一个提高人们参与热情和激励人们不断挑战的游戏。

游戏准备：

人数：不限。

时间：1小时左右。

场地：室外。

材料：用来作为"暗器"的安全物品、画圆圈的材料、计分板。

游戏步骤：

1. 将所有参与者分成3人一组，如果人数有单，也可以分成2人组或者4人组。告诉大家，现在我们要来评选暗器高手，评选的其中一项就是要考验大家接"暗器"的能力。

2. 主持人宣布游戏规则：

参与评定的那个小组站在中间，以面朝外背靠背的方式站立。其余参与者围在周围，每位参与者手中都要有一件可以抛扔的物品。当主持人发令"开始"之后，站在周围的参与者要一起把手上的物品斜向上往中间参与者的上空抛扔。

在所有物品落地之前，站在中间的小组参与者要尽可能接住更多的下落物品。主持人在每小组结束之后记录分数，以备最后评比之用。

3. 为了减少随机性，也为了给每个小组更多的机会，可以进行三轮次，最后计算每个小组三轮次的总分来进行评比。

【游戏心理分析】

热情指人参与活动或对待别人所表现出来的热烈、积极、主动、友好的情感或态度。热情是与人生观、价值观有关联的，是一个人态度、兴趣的表现。在这个游戏中，热情是人们的一种情感宣泄方式。一个人保持热情的情绪，他面对挑战的勇气也会随着热情的传播变得更坚韧。

信任背投

游戏目的：

从游戏中看一个人的责任心。

游戏准备：

人数：12～20 人。

时间：不限。

场地：室外。

材料：需要一个 1.5～1.8 米高的平台（如果没找到平台，可以用梯子或者树桩代替）作为材料。

游戏步骤：

1. 游戏开始之前，让所有人摘下手表、戒指以及带扣的腰带等尖锐物件，并把衣兜掏空。

2. 选两个参与者，一个由高处跌落，另一个作为监护员，负责管理整个游戏进程。让他俩都站到平台上。

3. 其余人在平台前面排成两列，队列和平台形成一个合适角度。

这些人将负责承接跌落者。他们必须肩并肩从低到高排成两列，相对而立。要求这些队员向前伸直胳膊，交替排列，掌心向上，形成一个安全的承接区。他们不能和对面的队友拉手或者彼此攥住对方的胳膊或手腕，因为这样承接跌落者时，很有可能相互碰头。

4. 监护员的职责是保证跌落者正确倒下，并做好充分准备，能直接倒在两列队员之间的承接区上。因为跌落者要向后倒，所以他必须背对承接队伍。监护员负责保证跌落者两腿夹紧，两手放在衣兜里紧贴身体；或者两臂夹紧身体，两手紧贴大腿两侧（这样能避免两手随意摆动）。并且，跌落者下落时要始终挺直身体，不能弯曲。如果他们弯腰，后背将会戳伤某些承接员——换句话说，他们有可能会被砸倒在地。监护员还要保证，跌落者头部向后倾斜，身体挺直，直到他们倒下后被传送至队尾为止。

5. 监护员喊"倒"之后，跌落者向后倒。

6. 队首的承接员接住跌落者以后，将其传送至队尾。

7. 队尾的两名承接员要始终抬着跌落者的身体，直到他双脚落地。

8. 刚才的跌落者此时变成了队尾的承接员，靠近平台的承接员变成了台上的跌落者。循环下去，让每个队员都轮流登场。别忘了让监护员和队友交换角色，好让他也能充当承接员和跌落者。

9. 如果有人不愿意参加跌落，不要逼迫或者戏弄他们，可以只让他们在平台上，面对承接队伍站一会儿，然后跳下来（到承接队尾，好像他刚跌落完毕）。或许他会改变主意，愿意跌落到承接队伍中。切记：尽量要求每个队员参加，但不要强迫他们。

【游戏心理分析】

这个游戏的关键在于跌落者要完全信任承接者，承接者要不辜负跌落者的信任。游戏中你会发现总有人起初很害怕，不敢去尝试信任别人。不妨互相交流一下，最初对游戏有何认识？参加游戏之后有何感受？

责任心，是指个人对自己、对他人、对家庭、对社会所负责的认识、情感和信念，以及承担责任和履行义务的自觉态度。一个人只有有了责任心才能够实现自己的承诺，才能够正视困难勇往直前，才能够得到别人的尊重，树立高尚人格。

冲动的诱惑

游戏目的：

让人们了解生活中需要冲劲，同时也需要理性思考。

游戏准备：

人数：不限。

时间：30分钟。

场地：教室。

材料：无。

游戏步骤：

1. 主持人首先将参与者引入到一种可以进行思考的氛围。

2. 和他们一起分析下面的案例：

一个短暂的假期即将开始，3个好朋友小陈、小岳和小刘准备利用这段时间参加一项自己喜爱的体育运动。

小陈找到了一张跆拳道训练班的宣传海报，高兴地说："我一直想变得强大，能够保护别人，所以我准备接触一下跆拳道。"

小岳翻出一张乒乓球俱乐部的宣传海报，说："我一直想培养一下协调和应变能力，练练乒乓球是很有帮助的。"

小刘看到一张游泳爱好者俱乐部的海报，上面画着一个男人和一群美女游泳，马上兴奋地说："好了，我也不想培养什么，我现在只想马上参加这个俱乐部然后像他一样。"

3. 对参与者进行一些统计，看看他们各自选择的案例中的哪一个动力激发自己的首要方式。

4. 组织参与者进行一些相关讨论。

相关讨论：

3个人的动力来源有何不同？这种不同来源的动力可能会带来什么后果？

小刘直率的迫不及待对于他的意义在哪里？这种意义具备相应的现实可依附性吗？

对于选择小陈和小岳的参与者，你们对目标的热情能够持久吗？

对于选择小刘的参与者，你们对目标的热情能够持久吗？

将他们3人对娱乐的选择引申到工作中，你愿意拥有哪种热情？你认为自己对工作的完成会非常好吗？

理性与感性的不同理念，可能带来哪些实质的差异？

【游戏心理分析】

拥有毫不顾忌以及一往无前的冲动，对于某些事情来说，是非常需要的；但并不代表任何事情都可以这样完成。冲动的无理性在需要周密考虑的事情中，几乎会带来隐患。

我们做事情都需要一定的热情，但如何激发起这种热情，一直以来都是人们不断探讨的话题，如销售人员希望顾客不顾一切地购买自己的产品，项目经理希望员工不顾一切地专注于项目的完成，老师希望学生努力学习等。也许，不计较任何理由达成目的并不是一件坏事，关键的问题仍然是如何实现这种理想。

境由心造

游戏目的:

让人们明白境由心造的道理,在工作中保持一份平和的心态。

游戏准备:

人数:30 人左右
时间:15 分钟。
场地:教室。
材料:纸条、笔。

游戏步骤:

1. 分给每人一张纸条,让他们写上自己最近不开心的事。

2. 主持人将小纸条收上来,抽出其中几张,将上面写的不开心的事情大声地念出来。这些不开心的事情或许会是以下几种:

(1) 上司的指手画脚。

(2) 迟到了,还被主管批评。

(3) 不该我负的责任偏偏算到了我的头上,烦死了。

【游戏心理分析】

我们为什么常常会认为自己是全世界最倒霉的一个,而搞得自己很不开心?我们怎样才能克服这种不良的情绪呢?

情绪的过分紧张和焦虑会影响一个人解决问题的能力,而生活中常常会遇到一些始料不及的事。我们应学会调节自己的情绪,保持生活的规律和睡眠的充足,以饱满的精神状态面对并解决问题。

独处游戏

游戏目的:

学会在亲密和距离之间变换,懂得如何独处。

游戏准备：

人数：不限。

时间：10分钟。

场地：不限。

材料：纸和笔。

游戏步骤：

参与者根据主持人的提示，在自己拿到的白纸上作出符合自己的答案，用"是"或"否"来回答这些问题。

1. 当我看电视时，我会良心不安。

2. 我每次见到别人的时候都问候他们最近怎么样。

3. 懒散的一天是失落的一天。

4. 我把自己的家保持得很干净，我每年只需要做两次大扫除。

5. 我仪表整洁，即使我并不是在等别人的拜访。

6. 如果别人犯了很大的错误，我会告诉他这一点。

7. 我习惯同人保持一种松散的关系——只是时不时地聊聊天。

8. 没有其他人的一天经常是失落的一天。

9. 当我问候别人"最近怎么样"的时候，我也仔细地倾听对方的回答。

10. 当我独处的时候，我比平时吃喝得更多。

11. 如果没有人关心我，那么我的健康会比一般时候糟糕。

12. 当人们很长时间没有给我打电话的时候，我会产生一个念头：找一个借口给他们打电话。

13. 我总有喜欢读的书。

14. 我的家里总是有一些能够招待别人的东西。

15. 其他人的坏的举止促使我中断和他们的联系。

请你为第2、4、5、6、7、9、12、13、14题的肯定回答记1分，为第1、3、8、10、11、15题的否定回答记1分。

0～5分：你非常不喜欢独处。请你注意把你与人联系的愿望尽可能地分给更多的人。如果你只与一个人联系，那么这对他会是过分要求，他会回避的。

6～10分：你寻求与人的联系，但是你有把他人看得过重的倾向。因此当你开始与人联系的时候，迈出第一步总是很困难的。

10分以上：你具有独处的能力。当身边没有人的时候，你并不感觉孤单。如果你感到孤独，你会自己寻求同他人的联系。

【游戏心理分析】

其实，独处并非孤独。独处是一种特殊的休闲方式，对身心健康有着积极作用。孤独是一种圆融的状态，人们在孤独中陶冶情操，修身养性，这对耐得住孤独的人来说，是一种生存智慧，也是一种难得的享受。孤独是人们一种心理上的自我慰藉，学会独处的人，心胸才能够豁达；学会独处的人，才能领悟到生命的真谛。

笑容可掬

游戏目的：

让人们学会微笑面对生活。

游戏准备：

人数：不限。

时间：不限。

场地：不限。

材料：纸、铅笔或钢笔和一些奖品。

游戏步骤：

1. 让大家站成两排，两两相对。

2. 各排派出一名代表，立于队伍的两端。

3. 相互鞠躬，身体要弯腰成90度，高喊："×××，你好。"

4. 向前走，交会于队伍中央，再相互鞠躬高喊一次。

5. 鞠躬者与其余成员均不可笑，笑出声者即被对方俘虏，需排至对方队伍最后。

6. 依次交换代表人选。

想一想，这个游戏给你最大的感觉是什么？做完这个游戏之后，你有没有觉得心情格外舒畅？本游戏给你的日常生活与工作以什么启示？

【游戏心理分析】

微笑是人们心理的一种常态。经常微笑的人，他的心理状态是积极的。压力导致心理失衡，微笑使你恢复平衡，使神经系统的紧张消除。微笑可以缓解生活中的不良情绪，也可以让人们的心情变得开朗。面对别人的时候也是这个道理，要想获得别人的笑容，你首先要绽放自己的笑容。

你的杯底是谁

游戏目的：

通过这个游戏，人们可以更好地了解对方，只有充分地了解和认知，人们才能在心理上认可对方。

游戏准备：

人数：不限。
时间：10 分钟。
场地：不限。
材料：饮水杯和笔。

游戏步骤：

预先在各人的杯底写上名字，然后请他们抽一个不属于自己的杯子，之后再找出那人是谁，并与他（她）交谈一会。主持人可以再加一些分享题目以增加彼此互动的机会，例如职业、爱好等。

【游戏心理分析】

这个游戏适用于聚会场合，便于人们迅速相互了解和认识，融洽气氛。人们最初的相识都带着芥蒂心理，人与人之间是有隔膜的，正是在这样的心理状况下，这个游戏可以让人们更近一步地交流和了解。这是认识一个人的很好的方式，也是了解一个人的最好方式。通过这个游戏，人们可以更好地认识对方。通过了解对方的兴趣爱好，也了解了一个人的性情。

直觉力

游戏目的:

人的直觉确实很神秘,有时比理性判断更准确。直觉力在人的生活中发挥了不可替代的作用。这个游戏可以看看人们的直觉力。

游戏准备:

人数:不限。

时间:10 分钟。

场地:不限。

材料:纸和笔。

游戏步骤:

参与者每人一张白纸和一支笔,根据主持人提出的问题,参与者在白纸上根据自己的实际情况,用"是"或"否"回答下列问题。

1. 你是否经常为其他人接着把话说完?

2. 你是否第一眼看见某一个人便感到已十分了解他了?

3. 你是否经常听见某种声音,告诉你应该如何作出抉择?

4. 你是否经常在别人开口之前,便知道了他想说什么?

5. 你是否常常产生似曾相识的感觉?

6. 你是否会无缘无故地讨厌某人?

7. 你是否会无缘无故地不信任某人?

8. 有段时间没有听到某人的消息了,正当你想起这个人时,是否又忽然碰巧在街上遇见这个人或是收到他的信、接到他的电话?

9. 你是否会在半夜里,因为对亲友的健康或安全问题似有预感而突然惊醒?

10. 打牌、买奖券或摸彩中,你总是很走运吗?

11. 你是否经常一听到电话铃声,便知道对方是谁?

12. 你是否做过噩梦,而梦中内容变成了活生生的事实?

13. 你是否经常在出外旅行之前,由于预感路上可能会出事而更改旅行计划?

14. 你是否相信一见钟情？

15. 在猜谜游戏中，你是否总是赢家？

16. 你是否一见到某件衣服，就感到非要不可？

17. 你是否经常在拆信之前，便已经知道信中内容？

18. 你相信命运吗？

19. 你是否第一眼看见一幢房子，便立即感到如果住在里面一定最舒适？

20. 你是否常常为自己对别人第一印象的准确而感到骄傲？

回答"是"得1分，回答"否"得0分。参与者可以根据自己的答案算出分数。

10～20分：你有敏锐的直觉，能够不经过思考而立即、直接地进行判断。你时常跟着自己的第六感而行动，并且精确无比。只要是不过分迷信，直觉还是值得珍惜的稀罕之物。

1～9分：你具备较强的直觉能力，但尚不太重视它。其实直觉既是一种能力又是一种知识，由于无须经过推理的历程，也无须通过其他媒介的传送，因而它看上去像是倏忽而至的灵感。直觉看似缥缈，然而许多时候，人的推理在多方面因素的参与、综合作用之下，会自然而然形成模糊、但却是最为接近生活原本面目的智慧火花。但你常常会忽视它。所以不妨在某些情况下，跟着直觉走。

0分：你潜藏的直觉能力尚有待开发。你若是试着考察一番你的思维这片天空，会发现直觉的倩影；你若是试着接受直觉所给予的判断力，会发现有时候直觉会带来不少益处，人们开始为你惊讶。

【游戏心理分析】

直觉力表现出来的是一个人的领悟力和创造力，也是人们的一种本能心理。人们根据对事物的生动知觉印象，直接把握事物的本质和规律。直觉力常常表现猛然觉察出事物的本来意义，使问题得到突然的醒悟。直觉力强的人常常能运筹帷幄，他们处理事情的时候总能够正确而快速地作出决策。培养敏锐的直觉，可从以下几点入手：

从注意你的注意力开始。在你步入青年的时候，就要不停地检视潜伏在你心中的兴趣、爱好、做事的欲望。你越是注意这些就越能为自己找到成功的感觉。

积累知识使天赋感觉更加深刻。你的直觉如果没有一定的知识作基础，那么它就可能还很肤浅，甚至有时候还不十分准确。而一旦你由直觉指引进入你感兴趣的知识领域去深造，那么，你掌握的有关知识越多，你对有关事情的了解也越深刻，你的直觉判断力、预测力、决断力就会更敏锐。

积累经验，丰富你的直觉。生活经验越丰富，直觉运用的实践越多，它就会越渐成熟老到，你的判断和推测会更准确。因此，一个成功女性，要时时注意去观察你的生活和事业中发生的多种现象，并勤于运用直觉去判断它们的本质和结局，并在事实中加以检查，看你的直觉正确与否。

情感病毒

游戏目的：

让人们在游戏中了解情感的重要性。

游戏准备：

人数：不限。

时间：不限。

场地：不限。

材料：无。

游戏步骤：

1. 游戏开始前，所有人围成一圈，并且闭上眼睛，主持人在圈外走几圈，然后拍一下某个人的后背，确定"情绪源"，注意尽量不要让别人知道这个"情绪源"是谁。

2. 大家睁开眼睛，散开，并告诉他们现在是一个鸡尾酒会，他们可以在屋里任意交谈，和尽可能多的人交流。

3. 情绪源的任务就是通过眨眼睛的动作将不安的情绪传递给屋内的其他3个人，而任何一个获得眨眼睛信息的人都要将自己当做已经受到不安情绪感染的人。一旦被感染，他的任务就是向另外3个人眨眼睛，将不安的情绪再次传染给他们。

4. 5分钟以后，让参与者都坐下来，让情绪源站起来，接着是那3个被他传染的，再然后是被那3个人传染的，直到所有被传染的人都站了起来，你会惊奇于情绪传染的可怕性。

5. 让大家重新坐下围成一圈，并闭上眼睛，告诉大家你将会从他们当中选择一个作为"快乐情绪源"，并通过微笑将快乐传递给大家，任何一个得到微笑的人也要将微笑传递给其他 3 个人。

6. 在大家的身后转圈，假装指定了"快乐情绪源"。实际上，你没有指任何人的后背，然后让他们松开眼睛，并声称游戏开始。

7. 自由活动 3 分钟，3 分钟以后，让他们重新坐下来，并让收到快乐信息的人举起手来，然后让大家指出他们认为的"快乐情绪源"，你会发现大家的手指会指向很多不同的人。

8. 微笑地告诉大家实际上根本就没有指定的"快乐情绪源"，是他们的快乐感染了他们自己。

【游戏心理分析】

强烈的感情尤其是负面的情绪会在人与人之间有如病毒一样传播开来。

在情感传递中，语言是最频繁被使用的手段。它可以直接地表达对审美对象的情感。它最有效、最清楚，并易于被对方理解。用语言来表达情感，其艺术性是很强的，要善于表达、巧妙表达。不要刻意控制你的情感，情感的大胆流露可以增进人们之间的感情。不管是语言还是神态，这都是增进情感的助力。

缓解紧张情绪

游戏目的：

对于平常人来说，紧张情绪在所难免，你是怎么缓解紧张情绪的呢？通过游戏，人们可以了解更多的舒缓情绪的方法。

游戏准备：

人数：不限。
时间：10 分钟。
场地：不限。
材料：纸和笔。

游戏步骤：

每一个参加游戏的人可以拿到一张白纸，从参与者中选出一个主持人，这个主持人可把事先准备好的试题，在参与者面前大声念出，参与者把认为最适合或接近自己实际情况的一个答案选出来，20分钟内完成。

1. 你与同事有了不可调和的矛盾，不得不诉诸法律时你会如何？

A. 对此事感到十分焦虑不安，以至于无法入睡。

B. 这是生活中无法避免、随时可能出现的事情，算不上多重要。

C. 暂时放在一边，到法庭后再应对。

2. 参加亲朋好友的生日聚会、结婚庆典等这些必须破费的场合时你会如何？

A. 想方设法找借口不去参加。

B. 经常积攒一些比较新鲜的小物品，用以应对这些场合。

C. 只把礼物送给最亲密的人。

3. 你屋子里的物品让水管中漏出的水泡坏时你会怎么样？

A. 极其不悦，尽情地说出自己的不满。

B. 你自己动手修补损坏的物品。

C. 你打算对此与房东在租金上讨价还价，并向有关部门提意见。

4. 你和同事出现纠纷而没有结论时，你会如何？

A. 借酒消愁。

B. 请来懂法律的人士，打算求助法律。

C. 到外面转转，让自己的情绪尽快平静。

5. 长年遇到的多种烦恼使你的家人变得容易发火时，你会怎么样？

A. 尽量回避争端，避免进一步恶化双方关系。

B. 想办法向其他的朋友诉说自己的苦闷。

C. 和对方一起讨论，争取找到解决的办法。

6. 一位同事要成家了，在你的眼里，他们的结合将会是不幸福的，你会怎么样？

A. 想办法使自己相信这种想法不正确。

B. 没关系，一切都还有机会扭转。

C. 很正式地向朋友说出你的想法。

7. 你的工作业绩得到了领导的认可，并派给你一个困难较大的工作任务，你会怎样？

A. 放弃这次工作的机会，因为它会使你增加压力。

B. 对自己的能力表示不确定。

C. 认真了解工作的性质和要求，做好准备，迎难而上。

8. 你的朋友在一次车祸中伤得很严重，当你知道这些时，你会怎么样？

A. 调整好自己的情绪和状态，你还要帮忙处理事情并安慰其他朋友。

B. 知道情况后，放声痛哭。

C. 要靠镇静药来让自己平安度过这段时间。

9. 一到星期天，你和爱人都要为去谁家度过假期而发生争执，此时你会怎么样？

A. 每个节假日，和家庭各个成员来个大聚会。

B. 决定在重要的节日里和你的家人团聚，其他日子和对方家人团聚。

C. 不再搞任何聚会活动，以减少不必要的麻烦。

10. 当你觉得身体欠佳时，你会怎样？

A. 自己给自己当大夫。

B. 把情况告诉家人，然后去医院向医师求助。

C. 能忍就忍着，拒绝去医院，相信会好。

第1～3题：各选项对应分数分别为3、1、2。

第4～7题：各选项对应分数分别为3、2、1。

第8～10题：各选项对应分数分别为2、1、3。

分数越低，说明你的自我缓解压力能力越强；你的分值如超过17分，则说明你缓解压力的能力尚欠缺，需加强。

【游戏心理分析】

一个人处在极度紧张状态时，往往会表现出惊慌、恐惧、愤怒或者苦闷、忧愁、焦虑等情绪。这样的情绪不但对人体不好，还会让紧张的人失去本该拥有的机会。长期处于压力状态时间长了必然会导致心理或生理疾病，每个人都应该学会缓解压力的办法。自我减压的方法有很多种：

倾诉。生活中总会遇到让人烦闷、痛苦的事情，人们面对这些事情的时候，要学会向自己的亲人或者朋友倾诉这些烦闷情绪，这对缓解压力有很大帮助。

运动。运动是人们发泄的一种方式，人们通过运动可以将一些负面情绪转化成另一种方式排泄出来，压力也会在运动中慢慢消减。

【心理密码解读】

"情绪"是"需要"的晴雨表

　　情绪是人对客观事物的态度的体验，是人的需要获得满足与否的反映。它是人对客观现实的一种反映形式，但不同于认识过程。认识过程是人对客观事物本身的反映，而情绪则是反映客观事物与人的主观需要之间的关系。需要是人的情绪产生的根源和基础。当客观事物能够满足人的需要时，就会使人产生积极的情绪，如考试取得好成绩会兴高采烈，得到梦寐以求的爱情会激动不已；反之，当客观事物不能满足人的需要时，就会使人产生消极的情绪，如失去亲人会悲痛欲绝，遇到危险会紧张恐惧，恋爱受挫会失望悲伤等。人类的需要是多种多样的，既有生理需要又有社会需要，既有物质需要又有精神需要，涉及方方面面，因而就会产生复杂多样的情绪。可以说，情绪是人的需要是否得到满足的晴雨表。

　　1. 当需要得到满足时情绪表现为喜

　　喜是一种愉快、高兴的情绪，由于需要的满足有助于人的生存和发展，可不再为之操劳、奔波和烦心，因而安宁、愉快、喜悦的心情便自然流露出来。此外，人的情绪还明显受到个性倾向的制约，凡与人的需要、兴趣、理想、信念相符合的事物都会产生愉快、满足和喜悦的情绪和情感，表现出欢迎、接纳的态度；反之，则会产生失望、不安、厌恶等不良情绪并拒绝、抵制与此相关的事物。人为了生存除了必须得到衣食住行等生活资料外，还需要精神生活条件，如学习、劳动、文化娱乐、贡献等。因此，凡"需要"能够得到满足时，人就会表现出喜悦的情绪。

　　2. 当需要得不到满足时情绪表现为愁、忧、怒

　　如果生存所需要的物质无法得到，就必然会影响生存和生活，也就会引起心理的波动而产生愁、忧、怒以及失望、不安、惧怕等情绪反应。因为人是社会性的高级生物，如果社会性的精神需要得不到满足时将产生同样的情绪反应。

第 三 篇

IQ 巅峰大挑战
——智商心理测试

第一章 给你的智商打打分

头脑风暴

游戏目的：

1. 练习创造性地解决问题。
2. 启发和引导人们的创造性思维。

游戏准备：

人数：20人左右。
时间：10分钟。
场地：教室。
材料：回形针、可移动的桌椅。

游戏步骤：

1. 进行头脑风暴的演练。头脑风暴的基本准则是：
(1) 不提出任何批评意见。
(2) 欢迎异想天开。
(3) 要求的是数量而不是质量。
(4) 寻求各种想法的组合和改进。
2. 将全体人员分成每组4~6人的若干小组。
3. 他们的任务是在60秒内尽可能多地想出回形针的用途。
4. 每组指定一人负责记录想法的数量，而不是想法本身。
5. 1分钟之后，请各组汇报他们所想到的主意的数量，然后举出其中"最疯狂的"或"最激进的"主意。

【游戏心理分析】

创造力是开创和发展自己事业的一种良好的个性心理条件。它与一般能力的区别在于它的新颖性和独创性。现在已经有名目繁多的心理游戏来测量个体的创造力，而这种游戏只是对创造成就的一般预测。

头脑风暴法是一种智力激励法，也是一种创造能力的集体训练法。头脑风暴中，人们的观点应该建立在其他参与者的观点之上，这种做法唯一的一个目的是为后面的分析得到尽可能多的观点。在众多的观点提出后，人们会得到一些非常有用的价值。在这个自由思考的环境，头脑风暴会帮助促进产生那些突破普通思考方式的激进的新观点。

巧取乒乓球

游戏目的：

1. 倡导多角度思考问题。
2. 展示同心协力的益处。

游戏准备：

人数：不限，6人一组。

时间：20分钟。

场地：户外。

材料：一截竹筒（长约30厘米，内径约大于一个乒乓球的直径）、一个乒乓球、一团绳子、一小瓶蜂蜜、一听未开封的软饮料、2卷卫生纸、一瓶未开封的酒、2个瓷杯。

游戏步骤：

1. 将乒乓球放进竹筒，每组成员尽量想出多种办法取出乒乓球，但不能破坏乒乓球、竹筒，也不能破坏地面，只能利用上述材料完成任务。
2. 想出办法最多的小组即为获胜者。

【游戏心理分析】

逻辑思维能力是指正确、合理思考的能力，即对事物进行观察、比较、分析、综合、抽象、概括、判断、推理的能力，采用科学的逻辑方法，准确而有条理地表达自己思维过程的能力。逻辑思维能力可以考察一个人的判断力、思考力等。如何提高自己的逻辑思维能力呢？

灵活使用逻辑。有逻辑思维能力不等于能解决较难的问题，仅就逻辑而言，有使用技巧问题。熟能生巧，平时多做练习。例如，在头脑中练习简单的数学计算问题，阅读包括科学和新闻的报纸杂志。

参与辩论。思想在辩论中产生，包括自己和自己辩论。

敢于质疑。包括权威结论和个人结论，如果逻辑上明显解释不通时要敢于质疑。

案情推理

游戏目的：

如何根据有限的线索与背景资料分析出事件的因果关系。

游戏准备：

人数：不限。

时间：20 分钟。

场地：不限。

材料：无

游戏步骤：

1. 给大家讲述一个案情：一个男人，走到河边的一个小木屋，同一个陌生人交谈以后，就跳到河里死了（具体案情见附件）。

2. 人们只可以通过问封闭性问题的方式去判断案情的起因。

3. 主持人只负责回答人们的问题，且只能说"是"或"不是"。

4. 5 分钟后结束。

附件

在一个夏夜的河边，一对热恋男女在谈情说爱。由于夏夜炎热，男人去买汽水解渴，留下女孩在河边等。结果，15 分钟之后，等男人回来时，发现女孩已经不在原来的地方。于是，这个男人在河边大声呼唤爱人的名字，没有人回应。时间一分一秒过去，男人越想越担心，一种不祥的预感笼罩在他的心头。"扑通"一声，男人跳下河里，在河里寻找爱人的足迹。他在河底摸索了许久，什么也没有发现，除了一些像水草一样的东西外。因为担心水草会有危险，所以男人放弃了。上岸后，男人沿着河边到处寻找。夜深了，人静了，男人拖着疲惫的身体继续沿着河边寻找。这时他看到河边有一个亮着灯的小木屋，于是敲门。开门的是一位陌生的老大爷。

"老大爷，你有没有看到一位长头发、穿红色裙子的女孩？"

"没有。"

男人仍不放过一线希望，把爱人失踪的遭遇，包括在河里寻找的经过一五一十地告诉了老大爷。

"我是这条河的看守员，这条河几十年来一直都没有生长过一根水草。"

原来，男人在河里摸到的不是水草，而是她爱人的长发。于是，男人跳到河里殉情了。

【游戏心理分析】

分析能力是一种可以把一个看似复杂的问题，经过理性思维的梳理，变得简单化、规律化，从而轻松、顺畅地解答出来的能力。分析能力的高低还是一个人智力水平的体现。分析能力是先天的，但在很大程度上取决于后天的训练。在工作和生活中，我们经常会遇到一些事情、一些难题，分析能力较差的人，往往思来想后不得其解，以致束手无策；反之，分析能力强的人，往往能自如地应对一切难题。

小虫罗斯的故事

游戏目的：

训练想象力。

游戏准备：

人数：不限。

时间：10分钟。

场地：不限。

材料：小虫罗斯的介绍。

游戏步骤：

1. 给大家讲述一下小虫罗斯的故事。

小虫罗斯是一只虚构的且有点奇怪的虫子。在它的世界里，它有如下的能力和局限：

(1) 它的世界是扁平的。

(2) 它只能跳。

(3) 它不能够向后转。

(4) 它每一跳的距离不会少于2～5厘米，也不会多于150米。

(5) 它只能够正对着北、南、东和西方向跳，而不能斜着跳（如东南、西北）。

(6) 在天气不错的时候，它每一跳的平均距离是4米。

(7) 没有其他生物能够帮助它。

(8) 一旦开始朝一个方向跳，它必须在相同的方向上连跳四次才能够跳到另一个方向上。

(9) 它完全依赖于它的主人给它提供的食物。

2. 让他们独自或是一起解决问题。然后，引导团队对这个游戏进行讨论。

问题：

罗斯在做完必需的锻炼时，已经跳遍了所有的地方。事实上，它已经非常饿了，但它感到非常高兴的是，它的主人在它西面1米远的地方放了一大堆食物。罗斯想得到食物，而且想快点得到。当它看到这些诱人的食物后，它停住了，一动不动（它正面向北方）。在经过了锻炼之后，它非常饿，同时也很虚弱，因此它想尽可能快地得到食物，而且要用最少的跳跃次数（起跳的时候，它腿部的弹跳力花去了它的大部分力气）。在简短地了解了情况之后，它意识到它不能够一下子正好跳到西边。突然，它大叫一声："有了！我只要跳四次就能得到食物了！"

你的任务：

接受罗斯是一只聪明虫子这个事实，并相信它的结论是完全正确的。为什么罗斯跳四次后，正好使它花费最小的力气得到食物？描述一下罗斯得到这个结果的具体情况。

相关讨论：

什么原因会阻碍你得到正确的答案？

通过这个游戏，你了解到给一个问题划定框架有什么好处吗？

我们如何学会分辨无用的信息，并将它们排除在外？

这个游戏在未来对我们有何帮助？

【游戏心理分析】

想象是一种特殊的思维方式，也是人们对外在事物加工的一种心理过程。它是人类特有的对客观世界的一种反映形式。人们通过想象打开了自己的思维空间，也打开了人们的思路。正是有了无穷的想象力，人们的思维才不会枯竭。想象是人们智商和思维的一种挑战，不断地挑战自我，思维才能够有飞跃。

谁杀死了船长

游戏目的：

培养人们的推理能力和激发人们的学习热情。

游戏准备：

人数：不限。
时间：10 分钟。
场地：教室或会议室。
材料：写有故事的卡片。

游戏步骤：

1. 主持人给人们讲下面这个故事，让他们回答故事里的问题。故事如下：

某日早晨 10 点左右，小李来到海边散步，赫然看见一艘小帆船倾斜在沙滩上。此时是退潮的时候，小李越想越奇怪，于是就走近帆船。走到船边的时候，小李发现没有人。这么一来，小李就更好奇了，他沿着放锚的绳子爬到甲板上，从甲板的楼梯口往阴暗的船室一看，发现船长躺在血泊中，胸前插着一把短剑，看样子是被刺死的。

这位船长的手中紧握着一份被撕破的旧航海图，旁边桌上还竖着一根已经熄灭的蜡烛，蜡烛的上端呈水平状态，也许船长是点燃蜡烛在看航海图时被杀害的，凶手杀死船长后就吹熄了蜡烛，夺去航海图才逃跑的。

小李认为这是一宗谋杀案，于是马上报了警。警察来了以后，开始寻找线索。

"这艘船大约是昨天中午停泊在此处，船舱里白天也是非常阴暗的，所以，即使在白天看航海图也需要点蜡烛，因此船长被害的时间并不一定是晚上。可是船长到底是何时遭到毒手的呢？"

警察们一面查看尸体，一面讨论着。

"船长被害的时间，就是在昨晚大约9点。"小李干脆利落地判断。

你们能说出小李是根据什么作出如此大胆的判断的吗？

2. 给人们讨论的时间，然后请他们说出答案。

相关讨论：

你推理得正确吗？

如何借助信息进行合理的联想？

答案：

因为蜡烛是水平的，而在沙滩上的船是倾斜的，所以船长遇害时，船在水中。那时应该是涨潮的时候，今早9点退潮，那么，昨天9点涨潮。

【游戏心理分析】

思维是人脑以概念、判断、推理等形式对事物间接性和概括性的反映，它使人对事物的认识由外部的表面特征深入到内在联系，由感性上升到理性。思维能力是智力的核心成分，在人的认识活动中常占主导地位，在创新活动中，良好的思维具有重要作用。

那么，如何充分发掘人的潜在的思维能力呢？

自信会帮助你成功。信心的力量，虽然是看不见、摸不着的，但是，它对你心理的影响却是巨大的，有时会让你创造出奇迹来。爱默生曾说过："自信是成功的第一秘诀。"自信可以激发出人体超乎寻常的潜能思维，这种思维一旦被激发出来，它将使人得到意外的收获。

在细节中学习

游戏目的：

通过游戏看看人们的逻辑思维和判断能力，同时也给人们一些关于提高学习能力方法上的启示。

游戏准备：

人数：个人完成。

时间：3分钟。

场地：不限。

材料：无。

游戏步骤：

1. 有两个房间，一间房里有三盏灯，另一间房有控制着三盏灯的三个开关。这两个房间是分开的，从一间里不能看到另一间的情况。

2. 现在要求参与者分别进这两房间一次，然后判断出这三盏灯分别是由哪个开关控制的。

答案：

先走进有开关的房间，将三个开关编号为1、2、3。将开关1打开5分钟，然后关闭，然后打开2。最后走到另一个房间，即可辨别出正亮着的灯是由2开关控制的。再用手摸另两个灯泡，发热的是由开关1控制的，另一个就一定是开关3了。

【游戏心理分析】

许多时候我们看问题要调整思维，换个角度，另辟蹊径，这样不但可以替自己打圆场，还能为你的言行平添几分雅趣。这就要靠你的应变能力了，而这种能力又是靠平时培养出来的。因此，要学会多角度分析问题，举一反三，旁征博引。

印泥作画

游戏目的：

鼓励人们使用他们右脑思考问题，让人们体会右脑在学习中的作用。

游戏准备：

人数：不限。

时间：不限。

场地：室内。

材料：印泥、白纸。

游戏步骤：

1. 几个人共同使用一盒印泥。请个人把他们的拇指按在印泥上，然后把他们的拇指印在白纸上。

2. 用拇指印作画（例如，臭虫、轿车、宇宙、碟等）。

3. 让人们彼此交换作品，分享各自的创意。

【游戏心理分析】

大脑分为左右两个半球，左半球称为左脑，右半球就称为右脑，它们主管的功能有区别。

右脑是感性直观思维，这种思维不需要语言的参加，掌管音乐、美术、立体感觉等。而左脑是抽象概括思维，这种思维必须借助于语言和其他符号系统，主管说话、写字、计算、分析等。例如，成人严重中风，如果病变发生在左脑，往往会造成失语症，出现部分或完全丧失语言能力，但他却有意识，能够理解别人说的话，只是不能用语言来表达自己的思想。

左脑和右脑的这种优势不是先天就形成的，它与后天的劳动是分不开的。大多数主要用右手的人的左脑具有言语优势功能，即听、说、读、写的语言能力高度发达。主要用左手的人的右脑具有非言语优势功能，各种感知高度发达，善于形象思维。左右脑虽然具有各自不同的主要功能，但它们在"工作"时是不能截然分开的，它们互相协助，共同反映客观事物。

应答自如

游戏目的：

在压力下，看看人们的应变能力。

游戏准备：

人数：不限。

时间：不限。

场地：不限。

材料：无。

游戏步骤：

1. 将所有人分成 4 人一组，在组内任意确定组员的发言顺序，两个组构成一个大组进行游戏。

2. 让小组确定的第一个发言者出来，对着另一个组喊出任何经过他脑子的词，比如，姐姐、鸭子、蓝天等任何词。

3. 另一个小组的第一个发言者必须对这些词进行回应，比如，哥哥、小鸡、白云等。

4. 发言者必须持续地喊，直到他不能想出任何词为止，一旦发现自己在说"哦，嗯，哦……"就宣告失败，回到座位上，换小组的下一位上。

5. 哪个小组能坚持到最后，哪个小组获胜。

【游戏心理分析】

这种给大脑巨大压力的做法对于你思考问题是否有帮助？你会发现在大脑短路的同时，你可能会有了一些以前连想都没想过的想法，而说不定就是这些想法可以帮助你更好地解决问题。解决问题是大脑应对问题的一种策略。人们只有开动自己的大脑，才能在最快的时间内找到问题的症结，这样就能很快地把问题解决掉。

预测后果

游戏目的：

在游戏中通过推断看看人们预测未知事情的能力。

游戏准备：

人数：不限。

时间：不限。

场地：不限。

材料：无。

游戏步骤：

游戏组织者举例向大家说明游戏步骤：

如果太平洋的水位在 10 天之内涨高 100 米，将会出现什么样的后果？

可能出现的后果有：

1. 陆地减少，地价暴涨。

2. 耕地减少了，全世界的粮食会严重短缺。

3. 海边的许多城市将被淹没。

4. 人类将更加重视研究开发利用海水。

5. 世界许多港口将被淹没。

……

其实有很多不固定的答案。大家开动脑筋，看看你的预测能力如何？

游戏开始，请大家预测如果出现下面的情况，结果会怎么样？

1. 如果动物比人聪明，会出现什么样的后果？

2. 如果没有了白天，会出现什么样的后果？

3. 如果水往高处流，会出现什么样的后果？

4. 如果地球失去了引力，会出现什么样的后果？

5. 如果汽车和自行车的价格一样，会出现什么样的后果？

【游戏心理分析】

这是一个很有趣的游戏——一种不可能出现的假设，突然出现了，然后要求你预测其后果。游戏没有固定的答案，只要你敢想，什么可能都有，当然前提是答案要相对合理。其实，每件事情的后果我们是无法预料的，可是，我们可以凭着我们的推断能力和思考力作出一些预料和推测。这也是一种能力的体现。

狗尾续貂

游戏目的：

想象是一种特殊的思维方式，在这个游戏中人们可以充分发挥自己的想象力，开动自己的思维能力。

游戏准备：

人数：不限。

时间：不限。

场地：不限。

材料：一张纸和一支笔。

游戏步骤：

游戏组织者举例向大家说明游戏步骤：

为下面的幽默故事写一个结尾。

法拉第是电动机的发明者，他也被人们称为"现代科学之父"。但是在法拉第时代，很多人不明白发明电动机有什么用，甚至有人认为法拉第是"邪人"、"疯子"。有一次法拉第正在演说，一个人突然站起来对他喊道："你疯啦，你弄的那鬼东西有什么用？"

法拉第没有和他争辩，而是对听众说："……"

答：法拉第对听众说："这个问题大家都知道！还有哪个疯子能提出这样的问题——'婴儿有什么用？'"

答案有很多，当大家已经理解了这种游戏的要领，就让大家续写下面的寓言的结尾了。

1. 借驴

一天，一个朋友来找张力说："张力，我想借你的驴。""对不起，"张力说，"我已经借给别人了。"可是他的话音还没落，他的驴就叫了起来。"张力，我听见驴叫了，它就在你家圈着。"张力关上门，冲着他的朋友高傲地说："……"

2. 秘诀

爷爷：记住，孩子，成功需要诚实和智慧。

孙子：诚实和智慧？那什么是诚实呢？

爷爷：诚实就是要信守诺言。

孙子：那什么是智慧呢？

爷爷：……

3. 狮子

有一次狮子吃了一头野猪，走到湖边去喝水，突然看见自己的倒影，满嘴是血，样子十分难看。

于是狮子……

【游戏心理分析】

这是一个培养人们的创造力和想象力的游戏。人们在游戏中可以充分发挥自己的想象力，释放自己的思维能量。人们的视野得到开阔，思维也会变得活跃，这样才能将自己的潜能最大化。保持自己的好奇心也是发挥想象力的重要条件。

玩转文字

游戏目的：

这是一个开发人们智力和想象力的游戏。

游戏准备：

人数：不限，4 人一组。

时间：不限。

场地：不限。

材料：随意写着各种词汇的小纸条，词汇包括各种名词、动词、形容词、量词等，还有一些平时不大常见的事物、不常经历的场景和不常做的活动等，几个盘子。

游戏步骤：

1. 随机造句

将写着词的纸条折好，按形容词、名词、动词、量词、名词的顺序分别放在不同的盘子里。

参加游戏的人每人依次去每一个盘子里分别取一张纸条。

根据顺序读出由随机抽取的词组成的句子，可能很滑稽，如："灵活的奶牛编织窗子"。每个参与者都会想象这样一个奇怪的情景，会捧腹大笑，也会记住那些画面，有更多离奇的想法。

2. 随机编故事

将写着名称、场景和活动的词语的各类纸条放在不同的盘子里。

参加游戏的人每人随机取三张不同类的纸条。

给五分钟的时间，每人根据三个词编一个故事，要求情节完整流畅、表达清楚、合乎语法逻辑。这个过程是很难的创造过程，要在三个可能看起来一点关系也没有的词之间建立一种联系，没有丰富的想象力是不可能的。

【游戏心理分析】

智力是人们在认识过程中所形成的比较稳定的、能确保认识活动有效进行和发展人脑聪明智能功能的心理特征的综合。它具体表现为注意力、记忆力、思维能力、想象力、创造力等几个方面，是它们有机结合而成的。在此我们应先明白一个观点：头脑是控制人类心理活动的枢纽，所有的心理特征实际上都是有关头脑的特征，而人的智力是控制和调节各种心理活动的关键。

迷宫探宝

游戏目的：

这个游戏可以开发人们的创新能力和思考能力。人们在游戏中可以发挥自己的创新能力，将自己的创新思维淋漓尽致地展现出来。

游戏准备：

人数：不限
时间：不限
场地：不限。
材料：选择一个有大落地镜子的场地，准备好制作一个复杂的迷宫所需的材料：任何能移动的有固定形状的物体，如凳子、椅子、桌子、垫子、积木、饼干筒、脸盆、锅、书等，一些小礼物。

游戏步骤：

将参与者分成两人一组，一人制作迷宫，一人迷宫探宝。两人轮流交换。

1. 制作迷宫

用积木组成一个正方形或其他形状的圈，在相对的两条边上各留出一个口，分别作为出口、入口；在圈内再排一个圈，不留口，圈间的甬道里放一个球或其他障碍物，这是最简单的迷宫；在圈上开两个口，在甬道里再放一个障碍物，难度就增加了，障碍物和口的位置决定了迷宫的水平；在圈上开三个口，在甬道里放两个或三个障碍物，具体位置是可以随意安放的，不过最好的迷宫是每个开口和每个障碍物都会经过；再增加一个圈，难度更大了。

就这样，用增加圈数、开口数和障碍物的数量，设计开口和障碍物的位置来控制迷宫的难度。在这个过程中，参与者的创造力和空间想象力得到很好地发挥。

在迷宫的甬道中放置一些如水果、糖、笔、粘贴纸等的小礼物，不一定是在可行的甬道上，可随机分布。

2. 迷宫探宝

迷宫制作完成后，让探宝者看着大落地镜子中的迷宫穿越。镜子中的图像与现实中的正好左右颠倒，需要做一些空间旋转思维活动才能完成这个游戏。穿越过程中有小礼物就捡起来。

迷宫的基本原理是：从起点到终点之间有一个圆、正方形或其他什么形状，圈中又有几重圈，各个圈有几个开口，圈与圈之间的通道上不规则地分布着一些障碍，使得穿过的人不能随意通行，必须找到避开障碍的路径。制作迷宫的人则应努力增加难度。

如果参与者在制作迷宫时总是重复某个策略，如总是逢口右转，组织者要有意识地提示，既安排向右转的路径，又安排向左转的路径。这样可以更好地发挥创造力。

【游戏心理分析】

创造力，是人类特有的一种综合性本领。一个人的创造力是知识、智力、能力及优良的个性品质等多种因素综合优化构成的。创造力是指产生新思想，发现和创造新事物的能力。它是成功地完成某种创造性活动所必需的心理品质。创造力的发挥也是人们新思想的一种散发，人们在新的思维中可以发现一些常规思维看不到和想不到的。

海盗分金

游戏目的：

看看人们的推理能力。

游戏准备：

人数：不限。

时间：不限。

场地：不限。

材料：无。

游戏步骤：

1. 组织者给大家讲故事：

10名海盗抢得了窖藏的100块金子，并打算瓜分这些战利品。这是一些讲民主的海盗（当然是他们自己特有的民主），他们的习惯是按下面的方式进行分配：最厉害的一名海盗提出分配方案，然后所有的海盗（包括提出方案者本人）就此方案进行表决。如果50％或更多的海盗赞同此方案，此方案就获得通过并据此分配战利品。否则提出方案的海盗将被扔到海里，然后下一位提名最厉害的海盗又重复上述过程。

所有的海盗都乐于看到他们的一位同伙被扔进海里，不过，如果让他们选择的话，他们还是宁可得一笔现金。他们当然也不愿意自己被扔到海里。所有的海盗都是有理性的，而且知道其他的海盗也是有理性的。此外，没有两名海盗是同等厉害的——这些海盗按照完全由上到下的等级排好了座次，并且每个人都清楚自己和其他所有人的等级。

这些金块不能再分，也不允许几名海盗共有金块，因为任何海盗都不相信他的同伙会遵守关于共享金块的安排。这是一伙每个人都只为自己打算的海盗。

2. 参与者根据上面的提示分析：最厉害的一名海盗应当提出什么样的分配方案才能使他获得最多的金子呢？

分析所有这类策略游戏的奥妙就在于应当从结尾出发倒推回去。游戏结束时，你容易知道何种决策有利而何种决策不利。确定了这一点后，你就可以把它用到倒数第2次决策上，依此类推。如果从游戏的开头出发进行分析，那是走不了多远的。其原因在于，所有的战略决策都是要确定："如果我这样做，那么下一个人会怎样做？"因此在你以下的海盗所做的决定对你来说是重要的，而在你之前的海盗所做的决定并不重要，因为你反正对这些决定也无能为力了。

记住了这一点，就可以知道我们的出发点应当是游戏进行到只剩两名海盗（即1号和2号）的时候。这时最厉害的海盗是2号，而他的最佳分配方案是一目了然的：100块金子全归他一人所有，1号海盗什么也得不到。由于他自己肯定为这个方案投赞成票，这样就占了总数的50%，因此方案获得通过。

现在加上3号海盗。1号海盗知道，如果3号的方案被否决，那么最后将只剩2个海盗，而1号将肯定一无所获——此外，3号也明白1号了解这一形势。因此，只要3号的分配方案给1号一点甜头使他不至于空手而归，那么不论3号提出什么样的分配方案，1号都将投赞成票。因此3号需要分出尽可能少的一点金子来贿赂1号海盗，这样就有了下面的分配方案：3号海盗分得99块金子，2号海盗一无所获，1号海盗得1块金子。

4号海盗的策略也差不多。他需要有50%的支持票，因此同3号一样也需再找一人做同党。他可以给同党的最低贿赂是1块金子，而他可以用这块金子来收买2号海盗。因为如果4号被否决而3号得以通过，则2号将一文不名。因此，4号的分配方案应是：99块金子归自己，3号一块也得不到，2号得1块金子，1号也是一块也得不到。

5号海盗的策略稍有不同。他需要收买另两名海盗，因此至少得用2块金子来贿赂，才能使自己的方案得到采纳。他的分配方案应该是：98块金子归自己，1块金子给3号，1块金子给1号。

这一分析过程可以照着上述思路继续进行下去。每个分配方案都是唯一确定的，它可以使提出该方案的海盗获得尽可能多的金子，同时又保证该方案肯定能通过。照这一模式进行下去，10号海盗提出的方案将是96块金子归他所有，其他编号为偶数的海盗各得1块金子，而编号为奇数的海盗则什么也得不到。这就解决了10名海盗的分配难题。

为方便起见，我们按照这些海盗的怯懦程度来给他们编号。最怯懦的海盗为1号海盗，次怯懦的海盗为2号海盗，依此类推。这样最厉害的海盗就应当得到最大的编号，在这样的编号提示下大家开始思考吧……

【游戏心理分析】

逻辑推理能力是以敏锐的思考分析、快捷的反应、迅速地掌握问题的核心，在最短时间内作出合理正确的选择。逻辑推理需要雄厚的知识积累，这样才能为每一步推理提供充分的依据。

逻辑思维有较强的灵活性和开发性，发挥想象对逻辑推理能力的提高有很大的促进作用。很多问题，根据我们的推理能力，认真分析，我们可以找到最好的解决方案。每一个问题都会有一个解决方案，有的问题不只是一个答案，不同的角度解决问题的方法就会不同。

快速记词

游戏目的：

转换人们的思维模式。

游戏准备：

人数：不限。

时间：不限。

场地：不限。

材料：每人准备一支铅笔和一张白纸。

游戏步骤：

游戏组织者把下面的词语写在黑板上，参与者用5分钟时间，按顺序记忆下列词语，然后把它们写在纸上。看谁又快又对。

桌子、云朵、坦克、铅笔、大树、看戏、开水、气球、母牛、说话、自习、武术、百货大楼、公路、怪物、房间、大炮、校园、美国、暖气。

如果死记硬背，5分钟内要按顺序记下20个独立的词语，确实有些难度，那么，让我们用联想记忆法试试，体会一下，可将这些词联想为：自己吃饭的桌子突然变成了七彩云朵，托起了坦克，飞过之处落下了许多铅笔，到地上变成了大树，坐在大树上看戏，口渴了，想喝开水，拽着气球飘下树，正落到一只母牛身上，母牛说话了，让你快去上自习，自习课上教了武术，使你一下跳上百货大楼楼顶，不知什么时候，楼顶修成了公路，公路上跑来一只怪物，托着你的房间往大炮里送，要打通校园地面连接美国的暖气。怎么样，轻松多了吧？

【游戏心理分析】

如果一个办法行不通，我们可以转换自己的思维方式，换一种方法，或许你会发现问题没有想象中的难。人们的思维都有惯性，固守一种思维模式会让我们的思维停滞在某一点。思维和逻辑必须灵活而且多变，这样才能找到解决问题的最佳方案，同时也能找到最简便的方案。

硬币"跳舞"

游戏目的：

看看你的实践能力。

游戏准备：

人数：不限。

时间：不限。

场地：不限。

材料：准备一枚五分硬币，一只小口的玻璃空瓶（可用汽水瓶、牛奶瓶或合适的药水瓶），要求瓶口稍小于硬币。

游戏步骤：

先在瓶口边缘上滴几滴水，小心地把硬币盖在瓶口上，并刚好封住。现在，把你的双手捂住这只空瓶。如果想表演"露一手"，可以夸张地作出挤压瓶子的动作。不一会儿，瓶口的硬币就一跳一跳，好像是你挤出瓶里的空气，使硬币跳起舞来。

要让这个实验成功，得注意以下事项：

1. 在气温较低时，可以先把双手在热水里浸一下，或者将手心不断对搓，提高手温。

2. 当气温较高时，若先把瓶子放在冰箱的冷藏室里冷却一下，成功就更有把握了。

【游戏心理分析】

硬币怎么会在瓶口上"跳舞"呢？其实，任何人都不至于力气大得能挤得扁玻璃瓶，再说玻璃瓶要真能挤得动，也就碎了。"硬币跳舞"的真正原因，是你手上的热量把瓶里的空气焐热了，热空气膨胀，瓶内空气压强增大，一次次地顶开瓶口的硬币，放出一部分空气。甚至当你的手离开瓶子后，硬币还会跳上几次。

实践能力是人类自觉自我的一切行为。科学的原理以大量的实践为基础，故其正确性为实验所检验与确定。从科学的原理出发，可以推衍出各种具体的定理、命题等，从而对进一步实践起指导作用。在这个游戏中，你可以让理论变成现实，只有你有动手动脑的能力。开动自己的脑筋，让思维旋转起来，你会发现生活中处处都是理论，到处都有实践。

积木对抗

游戏目的：

这是一个激发人们创新力的游戏，人们在游戏中可以创造性地发挥自己的智慧。

游戏准备：

人数：不限。

时间：不限。

场地：不限。

材料：规格不等的积木一堆。

游戏步骤：

将参与者分成两人一组，每组发给一堆积木。

1. 两人轮流你拿一块、我拿一块，选择积木，然后一人搭一堆，看看谁的塔高？倒掉了要从头开始，所以尽量不要中途倒掉。因为积木大小不一样，要选择大的、竖立的积木以使高度快速增加，如，一块圆柱形积木竖立起来比一块方积木高，但下一块放上去就难一点，由于难度增加，倒掉的机会也就增加，双方要作出是否冒险的选择。

2. 两人共同搭积木。搭的过程中，一方面保证自己的一块放上去，还要考虑后面可以继续搭上去，同时要增加另一方放下一块积木时的难度。谁的积木放上去，搭好的积木倒了，谁就输了。这需要能很好地掌握空间概念，在摇摇欲坠的时候怎样放上一块才能恢复平衡？在平衡的时候怎样制造不平衡？

3. 摩天 51。这是一套清水积木，长约 5 厘米的积木共 51 块，很流行。

一人先将 51 块积木垒成一个柱体，每层 6 块，相邻两层方向垂直。然后两人轮流从下面抽出一块放在最上面，注意不要让它倒下来，要轻轻地抽出被压住的积木而不碰动其他积木。最后的结果是每层都只剩下一个积木，游戏就成功了。如果中间倒了，就要从头再来。

【游戏心理分析】

积木的玩法很多，可以单独玩，也可以一起玩。积木游戏可以很好地激发青少年的创造力。激励通过外部刺激来唤起人的需要，诱发和引导人的动机，并按照激励者的意图产生行动的一种方式或手段。以下的激励方法，是生活中经常使用的。

榜样激励。通过具有典型性的人和事，营造典型示范效应，让人们明白提倡或反对什么思想、作风和行为，鼓励人们学先进、帮后进。要善于及时发现典型、总结典型、运用典型。

集体荣誉激励。通过给予集体荣誉，培养集体意识，从而使集体产生自豪感和光荣感，形成自觉维护集体荣誉的力量。各种管理和奖励制度，要有利于集体意识的形成，以形成竞争合力。

数据激励。用数据显示成绩和贡献，能更有可比性和说服力地激励人们的进取心。对能够定量考核的各种指标，都要尽可能地进行定量考核，并定期公布考核结果，这样可使员工明确差距，迎头赶上。

行为激励。一个好的行为能给人们带来信心和力量，激励人们朝着既定的目标前进。这种好的行为所带来的影响力，有权力性的和非权力性的，而激励效应和作用更多的来自非权力性因素，包括品德、学识、经历、技能等方面，而严于律己、率先垂范、以身作则等，是产生影响力和激励效应的主要方面。

"盲人"指挥

游戏目的：

从概率中看随机现象。

游戏准备：

人数：不限。

时间：不限。

场地：不限。

材料：桌子、三枚硬币。

游戏步骤：

将参与者分成两人一组。甲背对桌子站立，乙在桌上将三枚硬币放成一排，正面还是反面向上是任意的，只是不能三枚都正面向上或者都反面向上。

甲不能看硬币，只能口授"将第几枚翻身"的指令，由乙来执行。甲的目标是使三枚都正面向上或者都反面向上。乙每次都报告甲是否达到最终目标了，其他就什么都不说。

显然，甲第一次指令取得成功的可能性是1/3。现在请你设计一种最佳方案（如，先翻第几枚，再翻第几枚），使得你在第二次（或第二次后）成功的概率尽可能大。如果遵循你的最佳方案，至少在几次后就可以确保对任何初始情况都可成功？

在你不知道"初始情况是什么"的条件下，通用的最佳方案是：先任意指一币翻身；如不成功，再另翻一币；再不成功，将第一次翻过身的那枚硬币再翻回来。这样三次就可以确保成功。

可以针对六种可能的初始情况：（1）正正反；（2）正反正；（3）正反反；（4）反正正；（5）反正反；（6）反反正。分别试一试。

你会发现：如按最佳步骤（为讨论方便起见假设先翻第一枚，再翻第二枚），在第一次，对（3）与（4）这两种初始情况都可成功。在第二次，对（1）与（6）都可成功。而在第三次，则对余下的（2）与（5）都可成功。

【游戏心理分析】

随机现象是指事前不可预言的现象，即在相同条件下重复进行试验，每次结果未必相同，或知道事物过去的状况，但未来的发展却不能完全肯定。

概率是对随机现象发生可能性的一种度量，它不仅是一件事情出现的频率的表现，也是人们根据事物的发展规律和经验作出的一种总结性结论。善于利用概率，就会发现解决问题的方法会便捷很多。事物的发展总会存在一些规律，善于利用规律，事情也会得到更好的解决。

防水纱布

游戏目的：

发挥人们的思考力，让人们的智力在游戏中得到充分发挥。

游戏准备：

人数：不限。

时间：不限。

场地：不限。

材料：一个瓶子、一块纱布、一根细绳或一根皮筋。

游戏步骤：

纱布能防水吗？这个问题很简单，但是，并不是每个人都能正确回答上来。看上去，纱布织得那么疏漏，网眼又多又大，要想用它来"防水"，恐怕办不到。让参与者来试试。先找来一个瓶子，在里面灌上一瓶水，然后用纱布蒙在瓶口，用细绳或皮筋把纱布紧紧扎在瓶口。这时，大家把瓶子倒过来试试看，瓶里的水会不会流出来。结果，水并不往外冒——纱布能"防水"，它把水堵在瓶子里，一滴也没流出来。

这是什么原因呢？纱布防水的原因有两点，一是因为空气压力的作用；二是因为水的表面张力的作用。

空气的压力很大，完全可以托住压在瓶口处水的重力，所以水不会往下漏。另外，水的表面像一层有弹性的皮肤，这层"皮肤"上的分子紧紧地被水面下的那层分子所吸引，把水裹了起来，不让水随便乱跑。我们用的布伞、雨衣能防水，也是因为水滴表面张力很大，不容易进到伞或雨衣的里层去。

【游戏心理分析】

这个游戏通过看人的思考力，考察出人的智力指数。一个人的智力不仅是一个客观的数值，也是人们认识客观事物并运用知识解决实际问题的能力。心理学上认为，智力包括观察力、记忆力、想象力、分析判断能力、思维能力、应变能力等。积极的思考是提升智商的一个重要标志，肯开动脑筋的人，解决问题的办法也会很多。

回力飞标

游戏目的：

看一个人的智商。

游戏准备：

人数：不限。

时间：不限。

场地：不限。

材料：明信片或硬卡纸、量角器、剪刀。

游戏步骤：

澳洲土著居民最早使用硬木制造回力标，他们用这种曲形飞标来捕捉小动物和鸟类。回力标在掷出后，如果没有击中目标物，会再改变方向，回到原持有者的手中。这是一种非常奇特、令人觉得不可思议的东西，现在，你也来试试回力标的威力吧。

1.制作回力标

在硬卡纸上画一个角度在90～120度之间且长5厘米、宽2厘米的回力标，然后剪下回力标。

2.发射

用手指拿着回力标的夹角外部。

用另一手指头去弹，看看回力标是否能顺利地飞出去。

生手发射时，回力标能顺利飞出，即告完成，否则，就有待多练习了。

想想看：回力标会飞得远吗？回力标飞行的路线如何？回力标的角度会影响飞行的角度吗？可多剪几个试试看。把回力标略为扭曲，使形状像螺旋桨再试试看，会怎么飞？回力标角度不同是否会影响其飞行？有何影响？

【游戏心理分析】

回力标的奇特之处在于制作时的角度，把握住它的角度，回力标才能找到准确的方向，这样它的定位才能更精确。我们在制作回力标的时候，要开动自己的脑筋，怎样才能把握好回力标的角度问题是问题的关键。

人们通过思考可以掌握事物的发展方向或者事物发展的规律。所以，冷静的思考以及周密的构思是解决问题的关键。

焰花双开

游戏目的：

看一个人的制作能力和发散思维能力。

游戏准备：

人数：不限。

时间：不限。

场地：不限。

材料：蜡烛、一根两头通的玻璃管、铁丝。

游戏步骤：

先在桌上立一根蜡烛，再拿一根两头通的玻璃管，将它的中部用铁丝绞住，可以当手柄用，把玻璃管举起来。

把蜡烛点燃，拿起玻璃管，让玻璃管的一头放在烛火的火焰中间，再在另外的一头引燃，管子口里竟也会发出一朵火，这时一根玻璃管便出现了两朵火焰，一直要等到蜡烛熄灭了，管子口的火焰才会熄灭。想一想，为什么会出现两朵火焰呢？

因为烛火的焰心中间，有着未曾燃烧的碳氢化合物（蜡油蒸气），当把玻璃管插上去的时候，它便由管子里逃出，这时用火一引，它便在另外一头烧了起来。但是，如果拿玻璃管插在火焰的旁边，那么就引不着了，因为火焰旁边没有可供燃烧的碳氢化合物。

【游戏心理分析】

发散思维是一个人智力水平高度发展的产物。它与创造性活动相关联，是多种思维活动的统一。

在这个游戏中，人们在物理原理的基础上，开动脑筋，打开自己的思维。认真地思考问题，才能找到问题的答案。所以，一个人的思维越活跃，他的创新能力和动手能力也会很强。

【心理密码解读】

我们是怎么记住事物的

有些东西，我们看过后经久不忘；有些东西我们虽然看过，但事后却怎么也回忆不起来……记忆到底是怎么一回事？

记忆是在头脑中积累和保存个体经验的心理过程，运用信息加工的术语讲，就是人脑对外界输入的信息进行编码、存储和提取的过程。

人的记忆能力，实质上就是向大脑储存信息，以及进行反馈的能力。人的大脑主要由神经细胞构成，每个神经细胞的边缘又都有若干向外突出的部分，被称作树突和轴突。在轴突的末端有个膨大的突起，叫做突触小体。每个神经元的突触小体跟另一个神经元的树突或轴突接触。这种结构叫做"突触"。神经元通过"突触"跟其他神经元发生联系，并且接受许许多多其他的神经元的信息。神经元传递和接受信息的功能，正是大脑具有记忆的生理基础。有140亿个神经元，每个神经元上面有3万个突触。这140亿个神经细胞之间联系的突触，用天文数字也难以表达。这样的结构特点，就使大脑成为一个庞大的信息储存库。一个人脑的网络系统远比当今因特网复杂。科学家认为，一个人大脑储存信息的容量，相当于10亿册书的内容，一个人的大脑即使每一秒钟输入10条信息，这样持续一辈子，也还有余地容纳别的信息。这就证明我们大脑的记忆的确惊人。

很难想象一个人如果没有记忆会怎么样？记忆甚至可以说是人生命的源泉，是人生理与心理的一种本质特征。人生是充满活力与创造力的，而一切活力与创造力都离不开记忆这个源泉。失去了记忆人会失去许多属于"本能"的本领，就很难生活下去。

人类之所以能够认识世界、改造世界而成为"万物之灵"，关键就在于人类具有卓越的记忆能力。正是依靠这些记忆能力，人类才得以学习、积累和应用各种知识、经验，才能不断地推动历史发展和社会进步。

在生活中，我们常常会发现：有些人的记忆非常好，看过的东西可以过目不忘，而有些人的记忆却比较差，学过的东西很快就忘了。

在谈到这种差别的时候，人们往往把他们归结为生理因素，认为脑袋大、前额宽的人记忆力就好，相反，记忆力就不好。其实，这种说法在科学上是站不住脚的。我们不否认，人的记忆力和生理因素有着密切的关系。智力落后的人，首先是因为他们的大脑发育不正常，影响了学习和记忆的能力。但是，这和他们大脑的轻重、大小并没有必然的联系。只要脑神经发育正常、记忆力的生理因素就相差无几，但拥有正常记忆的人，记忆程度还是有差别。这就是记忆的心理因素造成的。那么，是什么原因造成了人们记忆上的差别呢？

心理学研究表明，影响记忆差别的心理因素主要是由心理倾向性和对记忆规律的掌握不同造成的。

所谓心理倾向性，是指人们对某一事物的兴趣、爱好和注意的程度。我们知道，注意是产生记忆的首要条件。不把注意力集中在所学的东西上，要产生良好的记忆是不可能的。比如，你可能说不出你住的楼房的楼梯有多少级台阶。这是因为我根本就没去注意它，并不是你记不住。几个人同时去参观一个展览会，回来以后让他们回忆展览会的情况，结果可能大不相同。造成这种差别的一个重要原因就是因为他们的兴趣爱好不同，因而注意的指向不同。所以，记忆的内容也就不一样。有兴趣的东西就看得具体，印象深刻，记得详细，不容易忘记。没有兴趣的东西，就会走马观花，甚至视而不见，听而不闻。因此，在一定意义上来说，心理倾向性对人的记忆活动具有决定性的作用。

除了心理倾向性以外，人们对记忆规律的掌握和运用不同，也是造成记忆差别的重要原因。我们知道，人就像一个信息加工器。当外界刺激作用于人的感觉器官的时候，这个加工器就开始工作起来。经过编码，也就是把刺激物的物理能量转化成感知和记忆系统所能接受的形式，人就把这个刺激信息贮存在自己的大脑里了。换句话说，就是记住了这个事物。比如，我们读一首诗，诗句的书面字符作用于我们的眼睛，转化为神经脉冲，传到大脑中枢，引起有关字符的感知觉，同时，过去已经贮存在大脑里的一些有关的信息也被激活，跟眼前的诗句建立起联系，再经过多次的诵读，多次地刺激，我们就把这首诗记在脑子里了。

你可能有过这样的经历，刚看过的内容有些能够长时间地保存在你的头脑中，有些则很快在脑海中消失。心理学家将能够长时间保持的记忆称为长时记忆，而在不到一分钟就忘了的记忆叫做短时记忆。心理学家还发现有一种记忆的时间更短，不到一秒钟就会忘记，并把这种记忆叫做瞬时记忆。不到一秒钟就忘记，这还能称为记忆吗？对于这种记忆我们几乎没有感觉，但是为了完整地了解记忆的过程，还是有必要介绍一下。而且，在心理学家眼里，记忆是指所有曾在我们脑海中留下的痕迹，而不在乎其长短。

记忆是有方法的，如果你记忆一些很枯燥的东西，记到头疼也记不住多少，但如果你运用一些方法，如联想记忆法、形象记忆法、情景记忆法等方法记忆的效果就会好一些。

1. 联想记忆法

巴甫洛夫提出，联想就是暂时神经联系（亦即条件反射）。他说："暂时神经联系乃是动物界和我们人类的心理现象，不论它是由结合各种各样行动和印象而成的，抑或结合字母、词和思想而成的。"任何记忆都是建立在条件反射的基础之上的。所谓记忆的过程就是条件反射的形成、巩固和恢复的过程。而所谓"条件反射"是从生理学角度来讲的，换成心理学的述评，那就是"联想"。

在记忆的过程中，联想起着非常重要的作用。因为客观存在的事物并不是彼此独立的，而是处在复杂的关系和联系之中的。人们在回忆某个客观事物的时候，总是按照它们彼此的关系和联系去识记、保持和重现的。这充分说明了记忆与联想之间的密切关系。换句话说就是：联想是记忆的基础，同时又是记忆的重要方法。在记忆时我们一定要认真理解信息的内容和实质，令头脑中浮现出清晰的表象，再用联想法去记忆。

其实我们一生中要不断地记住很多事物，这个过程中有许多通用的记忆术，我们已不自觉地使用。心理学研究表明，理解的比不理解的好记，有意义的比无意义的好记，通过联想可以达到纲举目张的记忆目的，能多记住更多的内容，只要我们善于联想，记忆会变得更加有效。

2. 形象记忆法

人脑就像一台计算机，记忆是大脑的功能，记忆是大脑对信息的接受、储存和提取的过程。这说明信息在记忆中是必不可少的。人脑接受的信息一般分为两种：形象信息和语言文字信息。

人自降生就能接受形象信息，而对语言文字信息的接受是在后天随着年龄的增长，知识阅历的增多而逐渐学会的。

众所周知，形象事物的形象信息转化为表象就能被记住。非形象事物的信息要经过加工编码变成语言文字的表象后才能被记住，而且，形象信息比较具体直观、鲜明，容易形成表象。而语言文字信息比较笼统，不太容易形成表象。因此，人们的大脑比较容易接受形象信息，而对语言文字信息的接受相对困难些。

根据科学家们研究的结果表明，在人脑的记忆中，形象信息大大多于语言信息，它们的比例是 1000∶1。难怪科学家们说形象信息是打开记忆大门的钥匙。所谓形象记忆法，就是将一切需要记忆的事物，特别是那些抽象难记的信息形象化，用直观形象去记忆的方法。

首先看一个形象记忆的试验。准备一根长 25～30 厘米的细线，下端拴一枚大纽扣或小螺母，当成一个吊摆。再在一张纸上画一个直径为 10 厘米的圆，通过圆心在圆内画一个十字。然后按下列步骤开始实验：

第一，平稳地坐在椅子上，两肩放松，胳膊放在桌上，心情平静，呼吸平缓，排除杂念。

第二，用右手食指和拇指轻轻捏住细线，使下面的纽扣垂悬在圆心，高度距纸 3～5 厘米。

第三，眼睛紧紧盯住纽扣，头脑中浮现纽扣左右摆动的形象，如果一时想象不出纽扣摆动的形象，可以左右移动自己的视线（不要摇头），并暗示自己："纽扣开始摆动了。"这样在不知不觉中纽扣就真的会摆动起来。这时再进一步暗示自己："纽扣摆动得越来越大了。"

第四，如果你想象停止纽扣摆动的形象，纽扣就真的会慢慢停止摆动。

第五，熟练以上方法后，还可以用想象随意让纽扣做前后摆动、对角线摆动或者绕圆周旋转。也可以把纽扣悬在玻璃杯里，通过想象使其碰杯子内壁，碰几下完全听从你的指挥。

为什么会产生这种有趣的现象呢？原来这是大脑中的手或手指活动的形象记忆在暗暗地起作用。因为任何人的手或手指都有过前后、左右晃动的经历，这就是晃动的形象，不论自己是否意识到，都已经深深地记忆在脑海中了。同时，这种形象记忆还同当时的身体动作（运动记忆）结合在一起。因此，当你回忆和想象时，身体就会自发地重现当时的表现。形象记忆是非常有效的记忆方法，如果记忆很枯燥的东西，我们不妨把它转化为形象之后，再来记忆。

第二章　让自己的思维做做操

偏向虎山行

游戏目的：

下面这个游戏能训练我们在最困难的情况下，如何发散思维，开动脑筋将问题解决，完成那些"不可能完成的任务"。在体会游戏中的快乐时，我们的发散思维能力也会得到很好的锻炼。

游戏准备：

人数：不限。

时间：30 分钟。

场地：室内。

材料：卡片。

游戏步骤：

1. 把参与者分组，每组 4 人，然后发给每组一个任务卡。每张卡上写着一件商品的名字以及它应卖给的特定人群。值得注意的是，这些人群看起来应不需要这些商品，实际上应该完全拒绝这些商品。比如向生活在热带的人销售羽绒服，向生活在四季寒冷地区的人销售冰箱等。总之，每个小组面临的挑战是，销售不可能卖出的商品。

2. 每个小组应根据任务卡的要求准备一条 30 秒的广告语，用来向特定人群推销商品。该广告应注意以下三点：

(1) 该商品如何改善特定人群的生活。

(2) 这些特定人群应怎样有创造性地使用这些商品。

(3) 该商品与特定人群现有的特有目的和价值标准之间是如何匹配的。

3. 给每组 20 分钟的时间，按照上述三点要求写出一个 30 秒钟长的广告语，要注意趣味性和创造性。

4. 其他人暂时扮演那个特定人群，认真倾听该小组的广告词，应该根据广告能否打动他们，是否激起了他们的购买欲望，是否能满足某个特定需求来作出判断。最后通过举手的方式，统计出有多少人会被说服而购买这个产品；有多少人觉得这些推销员很可笑，简直是白费力气。

5. 选出优胜的一组，给予奖励。

相关讨论：

在推销你们组的商品时，你们是怎么分析特定人群和此商品的关系的？你们是否考虑过他们的习惯、需要、想法和价值标准呢？

为了与你的顾客甚至是反对你的人心意相通，你需要作出哪些让步和牺牲？

善解人意在我们的生活和工作中起着何种作用？做到这点是否给我们带来了好处？

【游戏心理分析】

在这个游戏中，每个人都必须采用他人的视角，开动脑筋有创造性地把东西推销出去。在这个过程中，发散思维将会起到重要的作用。著名心理学家吉尔福特指出："人的创造力主要依靠发散思维，它是创造思维的主要成分。"发散思维就是对问题从不同角度进行探索。在这个游戏中，参与者需要从不同层面进行分析完成任务的困难所在，从正反两极进行比较，因而需要开阔的视野和思维，从而产生出大量的独特的新思想以很有创意的广告词打动他们，赢得胜利。发散思维更利于创造性思维的培养。可以这样说，发散思维是人类迄今为止，所运用的最为重要的一种思维方法。它被运用到了各个领域，在商业领域运用尤为广泛。

蛇是谁养的

游戏目的：

训练大家的逻辑思维。

游戏准备：

人数：不限。

时间：10分钟。

场地：不限。

材料：无。

游戏步骤：

1. 主持人给大家讲下面这个故事：

有五位小姐排成一排，所有的小姐穿的衣服颜色都不一样，所有的小姐其姓也不一样，所有的小姐都养不同的宠物，喝不同的饮料，吃不同的水果。钱小姐穿红色的衣服；翁小姐养了一只狗；陈小姐喝茶；穿绿衣服的站在穿白衣服的左边；穿绿衣服的小姐喝咖啡；吃西瓜的小姐养鸟；穿黄衣服的小姐吃柳丁；站在中间的小姐喝牛奶；赵小姐站在最左边；吃橘子的小姐站在养猫的小姐旁边；养鱼的小姐在旁边吃柳丁；吃苹果的小姐喝香槟；江小姐吃香蕉；赵小姐站在穿蓝衣服的小姐旁边；只喝开水的小姐站在吃橘子的小姐旁边。

2. 问题就是：请问哪位小姐养蛇？

相关讨论：

你们组是怎么得到答案的？在解题的过程中，什么最为重要？

本题对于我们在日常生活中解决困难问题有什么启发？

【游戏心理分析】

通过一个很简单的推理游戏可以帮助我们更好地训练想象力，锻炼我们思维的严谨性。按照合理的方法列出解题步骤，建立表格至关重要。因为只有这样才能保证我们的头脑清晰，思维发散，最后得到正确的答案。

这个游戏除了锻炼了我们的发散思维外，还锻炼了大家的逻辑思维。逻辑思维是一种很重要的思维。严密的逻辑思维会帮助我们赢得成功。

童年趣事

游戏目的：

唤醒人们沉睡的记忆，从而让人们产生创造性的设想。

游戏准备：

人数：不限。

时间：5~15分钟。

场地：会议室。

材料：分发的材料（见附表）和笔，小奖品，几首儿童歌曲。

游戏步骤：

1. 发给每个人一张表格（见本游戏后的附表）。

2. 告诉人们可以四处走动，去找符合表中描述的人，请他签下名字，对方最多可签两个。

3. 为了使整个过程更加好玩，可以开展一个比赛，当自己手中的表格有三行或三列全部签满人名的时候，快速交到主持人那里。

4. 前三个完成的人有奖品，最后三个完成的人，要表演节目。

5. 游戏限时4分钟。

6. 请前三名和最后三名上台，发奖和表演节目。

7. 之后，问他们6个人同样的问题：谁给他们签的"玩过家家"，谁给他们签的"打小报告"。（可以这样问下去，也可以问全场所有的人，我打赌你会听到笑声）

8. 结果几乎总是人们只注重了比赛，而忘记了谁给自己签的名。

9. 给人们一次机会，去找刚才给自己签名的人，听一听对方童年的趣事。

10. 如果时间充裕，最后可以请几个人分享一下听到的童年趣事，这会增加人们之间的亲近感，有利于彼此记住对方。

附表：

小时候的行为

玩过家家	
打小报告	
在纸条上写下表达情感的话	
摔倒后哭泣	
穿妈妈的高跟鞋	
涂抹口红	

续表

看小人书	
跟同学吵架	
爬树	
考试作弊	
跳绳	
与同桌画分割线	
暗恋老师	
吹嘘妈妈很厉害	
犯错误罚站	
偷偷去游泳	
上课捣乱	
偷拿家里的钱	
跟家人撒谎	
藏自己的日记	

在游戏结束的时候，建议大家讨论如下问题：

（1）为什么没有记住为你签名的人，在游戏的过程中你想的是什么？

（2）我们如何在注重结果的同时，也可以享受过程的乐趣？

（3）原本充满乐趣的事情，何以有了竞赛，我们就开始忽视别人，而只专注于自己的胜利？

（4）通过这个游戏，你还有什么特别的收获吗？

做这个游戏之前建议主持人做好以下准备：

（1）不妨事先准备一些儿童歌曲，在游戏的过程中播放，增加童趣的氛围。

（2）为了增加游戏过程中的紧张气氛，主持人在宣布完前三名有奖后，可以刻意用加重的语气说："最后三名可要给大家表演节目！"

（3）在这个游戏中，游戏意义的引申格外重要，主持人应多在这里下些功夫。

【游戏心理分析】

在这个游戏中如何调动大家的积极性呢？关键是做好引导，让大家进行联想思维，这样就会记起更多的童年往事。这种联想思维是一种很重要的发散思维。

要想成为很优秀的人，需要重点培养联想的思维方式。联想法主要有类比联想法、对比联想法、接近联想法、相似联想法这几种。联想不仅丰富了人们的思维，还丰富了人们的心理活动。

黑白诱惑

游戏目的：

在生活中，我们不要被别人的思维所左右，不要被他人牵着鼻子走，当然也不能陷入自己圈定的牢笼，陷入一种固定思维。这个游戏让人们随时改变自己的思维。

游戏准备：

人数：不限。

时间：10分钟。

场地：教室。

材料：图片。

游戏步骤：

1. 主持人准备一张图片，在向参与者展示之前先告诉他们，在看的时候请保持图片上的箭头向下。当他们从图上看到什么时，请举手而不要念出来以影响别人的思路。

2. 将图片传下去让大家看。主持人在一边提示，不断询问他们看出什么没有。

3. 一般情况下，观察力好的参与者会很快看出上面写的是"FLY"。

4. 当游戏告一段落时，告诉那些没有看出来的人们，他们应该看图的白色部分而不是黑色的。

在这个游戏中大家会遇到的问题以及答案：

那些没看出来的人的原因是什么？他们的思维是否被那个黑色的箭头束缚住了？我们总会有这样或那样的固定思维，我们是否因为这种固定思维而给我们的生活造成困扰？

除了固定思维，阻碍我们人际交流的还有哪些障碍？除了固定思维外，初次印象、环境和心情等会不会影响我们对交流对象的判断，从而形成障碍。

为什么孩子或那些思维直接的人能很快看出"FLY"，而其他人却不行？你想过这个问题吗？这个游戏采用了逆向思维的方法，颠覆了人们从白纸上看黑字的习惯，并用黑色的箭头作误导，很容易就会使人产生固定思维而看不到图案。

【游戏心理分析】

人的思维是可以被左右的，有时候会被别人"牵着鼻子走"。但有些时候人的思维却是被自己的固定思维所牵制的，一旦进入到这种固定思维中，人们就很难再抽身出来去发现一些不一样的东西了。固定思维有时会给我们的工作带来阻碍，因此我们要适时改变自己的思维。

好邻居

游戏目的：

通过问答，人们可以在游戏中找到自己的位置，培养其判断力。

游戏准备：

人数：不限。

时间：不限。

场地：不限。

材料：无。

游戏步骤：

1. 所有人围成一个圆圈，一人站在圆心。

2. 由站在圆心的人随机问圆圈里的人（比如说A），你喜欢我吗？如果A回答喜欢，则A周围相邻的两个人就要互换位置，在互换位置的时候，站在圆心的人就要迅速插到A周围相邻的两个位置之一，这样A周围相邻的两个人有一个就没有位置，那么就由他站在圆心，游戏开始下一轮。

3. 如果 A 回答不喜欢，则站在圆心的人将会继续问 A："那你喜欢什么？"如果 A 回答我喜欢戴眼镜的人，则场上所有戴眼镜的人都必须离开自己的位置寻找新的空位，而站在圆心的人需要迅速找一个位置，这样没有找到位置的人就表演一个节目或作自我介绍，然后站在圆心，游戏开始下一轮。

4. A 如果回答不喜欢之后，还可以回答例如我喜欢男人，那么全场的男人必须全部换位，如果 A 是男的，他自己也要换位。为了增加难度和趣味性，还可以回答，我喜欢穿白袜子等不被人马上发现的细节。

【游戏心理分析】

如果你可以做这个游戏，你将会在许多需要以判断力来解决问题的领域中获得成功。判断力是一个人的综合能力，也是一个人长期形成的常识性判断。在这些领域中工作，人们绝不能允许自己被不相关的信息分散注意力，而且也不能让自己受到情绪的影响。这样人们才能找到适合自己的位置。

绕口令

游戏目的：

锻炼人们的口才和说话能力。

游戏准备：

人数：不限。

时间：不限。

场地：不限。

材料：无。

游戏步骤：

大家轮流念绕口令，谁念得最不流利，或念不下去了，则表演节目。

推荐几个绕口令：

一面小花鼓，鼓上画老虎。宝宝敲破鼓，妈妈拿布补，不知是布补鼓，还是布补虎。

车上有个盆，盆里有个瓶，乒乒乒，乓乓乓，不知是瓶碰盆，还是盆碰瓶。

金瓜瓜，银瓜瓜，地里瓜棚结南瓜。瓜瓜落下来，打着小娃娃。娃娃叫妈妈，妈妈抱娃娃，娃娃怪瓜瓜，瓜瓜笑娃娃。

肩扛一匹布，手提一瓶醋，看见一只兔。放下布，摆好醋，去捉兔，跑了兔，丢了布，泼了醋。

高高山上一条藤，藤条头上挂铜铃。风吹藤动铜铃动，风停藤停铜铃停。

西关村种冬瓜，东关村种西瓜，西关村夸东关村的西瓜大，东关村夸西关村的大冬瓜，西关村教东关村的人种冬瓜，东关村教西关村的人种西瓜。冬瓜大，西瓜大，两个村的瓜个个大。

毛毛和涛涛，跳高又赛跑。毛毛跳不过涛涛，涛涛跑不过毛毛。毛毛教涛涛练跑，涛涛教毛毛跳高。毛毛学会了跳高，涛涛学会了赛跑。

四是四，十是十，要想说对四，舌头碰牙齿；要想说对十，舌头别伸直。要想说对四和十，多多练习十和四。

灰化肥发灰，黑化肥发黑。

【游戏心理分析】

绕口令是训练口才的一个有趣的工具，同时也可在聚会中活跃气氛。这个游戏还能训练人的注意力和反应力。人需要有非凡的反应能力，最好能够借助周围的环境，迅速转移话题，以有效地避免自己的尴尬。

当然，这种应变能力是靠不断的实践培养出来的，但也并不是遥不可及的。只要平时多加锻炼，必然会有所收获。

大风吹

游戏目的：

这是一个锻炼人们的反应能力和注意力的游戏。

游戏准备：

人数：不限。

时间：不限。

场地：室内。

材料：椅子（比游戏人数少一张）。

游戏步骤：

1. 将椅子围成一圈。

2. 除了当"鬼"的人以外，其余的人分别坐在不同的椅子上。每张椅子限坐一人。

3. 做"鬼"的人站在场地中央，他可以随意说大小风吹。如果他说大风吹，他说有多少的人必须起来换位置。如果说小风吹，则是相反，没有这个数的人起来换位置。换位置时不能持续两人互换或坐回原位。没抢到位置的人则是新"鬼"。

4. 做"鬼"三次的人则算输，需接受处罚。

题目例子：

"鬼"：大（小）风吹。

其余的人：吹什么？

"鬼"：吹戴眼镜的人（如是大风吹，则是戴眼镜的人起来换，如果小风吹，则是没戴眼镜的人起来换）。

【游戏心理分析】

集中注意力可以让人们的反应能力变得更加敏捷，反应是人们的第一思维，也是人们最本能的表现。在生活中，知识和经验的积累可以增强人们的反应能力，有了丰富的经验和知识，人们可以做到处乱不惊。

戏剧的对白

游戏目的：

考察人们的顺势思维能力。

游戏准备：

人数：不限，每组 2 人。

时间：20 分钟。

场地：不限。

材料：观众调查表（见附件）、书写用具、一本采用口语写成的戏剧书（如一个剧本）。这可以在戏剧书店或图书馆里获得。《我们的故乡》或音乐喜剧，如尤金・奥尼尔的《荒原》或者《音乐人》等，这些戏剧书通常都很容易找到。

游戏步骤：

1. 选择两名参与者："我需要两个人，他们在大学或高中曾经上过表演课。"等大家举手。如果没有人举手，就说："好吧，我需要两个自己认为有表演天赋的人。"如果仍然没有人举手，就说："那好吧，我需要两个曾撒谎说再也不打电话的人。"当有人举起手时，选出两个人，并且说："你们是天生的演员，来吧，请到台上来!"

2. 请参与者描述一种发生在两个人之间的典型的商业情节。（例：一名顾客服务部代表在为一名顾客提供服务；一名销售人员向一名顾客介绍产品。）

3. 看看你的两名演员谁带的书写用具（钢笔、铅笔、亮光笔或其他）较多，多的人就为 A，另一个人为 B。把戏剧书交给 B，翻到有较多简短对话的一页。（提示：最好在游戏开始前就给这一页做好记号。）

4. 从尤金・奥尼尔的《荒原》中选出三四句，以此为例，和 B 一起演示一下游戏过程。例如，你们可以这样开始：

"非常感谢你给 XYZ 公司打电话。有什么我能帮忙的吗?"

现在，你的搭档翻到一页并且读道："哦，你好，已经是 9 点钟了吗? 当你思考时，时间不知不觉地就流走了。"

这句话好像非常合理，正如一名顾客服务部的代表与一名顾客之间的谈话内容一样，你回答说："好吧，无论你在想什么，我都确信我能够帮助你。顺便问一句，你是……?（不要把这看得太严肃，你并不需要绝顶聪明——你只需以各种方式把你的搭档刚刚读的内容联系起来。正是这种联系能引起笑声。）

接着，你的搭档从书中读出对话的下一句："我本来以为你会在路的尽头等着我，我打赌你忘了我会来。"你可以回答："哦，你在外面吗? 你一定是用我们公司的手机打的电话。它还好用吧?"

B 接着读："不，说实话，我没忘，但是刚才我在思考生活。"你可以回答："是的，手机确实使我们的生活更加方便了。"或是其他的回答。

5. 现在，让两个演员放松一下，开始他们的即席表演，A 不断将自己的话根据 B 事先准备好的话联系起来，而不是根据常理往下说。A 要做的就是顺着 B 从戏剧剧本中选出的句子往下发挥想象。提醒他们，如果他们在进行的过程中遇到困难，可以向观众寻求帮助。

6. 3～5 分钟之后，叫停，请他们坐回到他们的座位上去。

做完这个游戏，主持人提出以下问题：

请大家回答"观众调查表"上的问题。

问A：不得不调整思路，以适应B的无根据的推理，感觉怎么样？

如果我们坚持可预见性，我们会得到许多新想法吗？

放弃可预见性，我们怎样才能做得更好呢？

问A：什么技巧能帮助你放弃你的预见，并任其顺畅地发展呢？你发现什么时候最不容易灵活处理？你认为为什么会这样？

问B：当A把你的话组织成一个有意义的情节时，你有什么感觉？

附件

观众调查表

1. B选择的哪句话最容易接着往下说？

2. 哪一句最难？你们为什么这么觉得？

3. 随着游戏的进行，A看起来是不是越来越适应这个任务了？

4. 根据你的观点，A的哪一次回答最为成功（有趣味、有创新性、有幽默感等）？为什么？

【游戏心理分析】

创造力较强的人，思维往往也十分灵活。他们乐于考察和琢磨疯狂的想法（哪怕是稍纵即逝的思绪）。但是，如果一个想法看起来没有意义，他们会立即放弃它。同时，他们相信还会有更多的想法。他们的秘密就是，乐于接受各种可能性，适应周围不断变化的环境。

在社会竞争中，如果我们能够像这个游戏中的A那样努力顺着游戏形势的发展，因势利导就可以抢得先机抓住机会了。

看图说话

游戏目的：

从图画联想看人们的思想。

游戏准备：

人数：不限。

时间：不限。

场地：不限。

材料：准备多幅图片，人物画或风景画都可，数量至少能满足每人一张。

游戏步骤：

1. 将参与者分成几个小组，一个小组至少三人。

2. 将所有图片汇集在一起，随意排列，由各小组随机抽取，小组有几人就抽取几幅。

3. 给 5 分钟时间，各小组成员对自己抽到的图画进行排列和讨论。

4. 分组进行讲述，每组采取轮流接力的方式，每个组员就自己手里拿到的图画的内容进行讲述，每一组必须描述成连贯的故事。

描述情节完整、内容充实、编排合理的小组为获胜队。

【游戏心理分析】

联想是因一事物而想起与之有关事物的思想活动，也是一种心理现象。联想是构成创造能力的重要一环。这样的游戏有助于参与者通过联想了解自己的模糊思想。发挥自己的联想能力，把自己的思维打开，你会看到一个不一样的世界。

争抢"30"

游戏目的：

这个游戏通过争抢火柴考察人们的逻辑思维能力。

游戏准备：

人数：不限。

时间：不限。

场地：不限。

材料：火柴。

游戏步骤：

在桌上放火柴 30 根，2 人轮流取，每人每次最少取走 1 根，最多取走 2 根。

不能多取，也不能少取。谁取到最后一根火柴（即第30根），谁就是胜利者。

这个游戏有个制胜的诀窍。你知道诀窍是什么吗？这个游戏，还可以延伸变化，增加趣味。例如，2人轮流取，每人每次最少取1根，最多取3根或者4根、5根……直至9根，仍然是取得最后1根者为胜。

诀窍是从游戏一开始，就要抢占30内"2"的间隔数，即"3"的倍数，并防止对方抢占。这个游戏从30起，"2"的间偶数为：27、24、21、18、15、12、9、6、3，所以游戏开始，对方如取1、2两根，你就取第3根，接着，对方取第4根，你就取第5、6两根。必须自始至终牢牢抓到这个制胜的关键数，而且不能取过了头。比如对方取第7、8根，你只能取第9根，不能再取第10根，否则，对方取11、12两根，主动权，即关键数就被对方抢去，你就会由胜转败。

【游戏心理分析】

逻辑思维能力与形象思维能力截然不同。它是人脑的一种理性活动，思维主体把感性认识阶段获得的对于事物认识的信息材料抽象成概念，运用概念进行判断，并按一定逻辑关系进行推理，从而产生新的认识。逻辑思维能力不仅是学好数学必须具备的能力，也是学好其他学科，处理日常生活问题所必须的能力。

小问题难倒你

游戏目的：

拓展人们的思路，帮助人们开拓思路并改进工作方法。

游戏准备：

人数：不限。

时间：5分钟。

场地：教室。

材料：和人数相等的火柴。

游戏步骤：

1. 每一个参与者首先拿到8根火柴，主持人要求参与者在最短的时间内用这8根火柴拼出一个菱形。并且要求菱形的每个边只能由一根火柴构成。

拼出菱形后，参与者举手示意主持人。

2. 主持人可以在旁观察每个人的方法是否相同，最后选出一名速度最快方法适当的人，主持人给予一定奖励。

相关讨论：

请那些做出来的参与者讲讲他们的思路是怎样的？那些没做出来的参与者，他们失败的原因是什么？

这个游戏的答案其实很简单——分别用它们拼成"一个◇"，数一数它们的笔画，正好是横平竖直的八画，而这八画正好可以由那8根火柴代替。

【游戏心理分析】

一个人的眼界决定了其思维的长度和宽度，也决定了其创新能力。开拓思路是改进方法的基础，思路放开，人们的思维能力也会得到充分发挥，也就很容易找到新的工作方法。

形象刺激法

游戏目的：

激发人们的形象思维能力，并教会他们举一反三的本领。

游戏准备：

人数：不限。

时间：40～50分钟。

场地：不限。

材料：事先准备好的测试图。

游戏步骤：

1. 主持人首先拿一些现成的图形（可以是一个图标或一幅画）向参与者介绍什么是形象刺激法，激发他们的想象力。

2. 利用已准备的图片让他们练习。补充的条件如下：

（1）将下列图形补充完整。

（2）请说出下列图形代表的意义。

（3）在下面的图形中你能看见几个如上方图形那样的箭头？

相关讨论：

对照参与者作出的答案和提供的答案，比较有哪些是参与者想到而我们没想到的，又有哪些是我们想到而参与者没答出来的？这种现象说明什么？

关于这种训练你还有哪些好方法吗？

【游戏心理分析】

"横看成岭侧成峰，远近高低各不同"，距离不同，观察的角度不同，人不同，得到的结论也不同。对于同一个问题，由于大家立场和背景的不同，得到的结论大多不同甚至相左。

在同一个团队中共事，不同的人会对同一件事情有不同的看法。对于一个组织者，对这种分歧误用之，会导致集体的不合甚至决裂；善用之，则会集思广益，事半功倍。

这个游戏告诉我们沟通与合作的重要性。而对于一个团队的普通参与者来说，这一点应该是更为重要的。分中求和，求同存异，应该是一个集体成功的要点。

寻找变化

游戏目的：

在不断的变化中看人们的观察能力。

游戏准备：

人数：不限。

时间：不限。

场地：不限。

材料：无。

游戏步骤：

参与者围坐一圈，选一人主持游戏。主持人说："请大家仔细观察我的一切。我出去 2 分钟再进来，请说出我身上有哪 10 处变化。"主持人在教室外边：

1. 头发弄乱。
2. 解开衬衫的第一个纽扣。
3. 别在上衣口袋中间的钢笔移向左侧。
4. 在胸前别了一枚小纪念章。
5. 口袋的盖布放进口袋里边。
6. 把鞋带解开。
7. 把衬衣的一个领尖放入毛衣里。
8. 将裤脚挽起一点。
9. 在裤子上画一道粉笔道。
10. 红领巾的两个角原来一长一短，现在结得一般长。

诸如此类细微的变化，让参与者一一指出，以指出最多的为优胜者。

【游戏心理分析】

观察力是大脑对事物的反应能力，也是人们对外在事物的反应和识别能力。在本游戏中可以根据参与者的情况调整主持人身上变化的难度，因为越小的变化，难度越大。人们在前后的对比中，心理微妙的变化让人们的思维更加敏感。

思维优势

游戏目的：

检测人们在某一个方面的思维优势。想要发展这一方面的能力，人们首先要认识到自己的优势。

游戏准备：

人数：不限。
时间：不限。
场地：不限。
材料：游戏卡和笔。

游戏步骤：

参与者每人一张游戏卡，根据自己的实际情况，用"是"或"否"在游戏卡上判断下列说法。

1. 别人有时会询问我，要我解释我所说的话，或我所写的文章的含意。

2. 我对文字游戏，譬如拼字游戏、填字游戏等，都很感兴趣。

3. 我最近写了些东西，自己觉得很不错，或是别人觉得很不错。

4. 当我在高速公路上开车时，比较注意巨幅看板上的文字，而不太注意风景。

5. 我从听收音机或录音机所吸收的，要比我从看电视或电影所吸收的多。

6. 我在谈话时，经常会提到我读过或听过的事情。

7. 在我未读、未说、未写之前，我可在脑中先听到这些字。

8. 我很喜欢以绕口令、打油诗或是双关语来自娱或与人同乐。

9. 书籍对我非常重要。

10. 对我而言，学习语文和历史要比学习数理化容易。

11. 我喜欢尝试"如果……会如何"的小实验。（例如：如果我浇花时将水量增为两倍的话，结果会如何？）

12. 我相信所有的事物都有合理的解释。

13. 当事物经过度量、分类、分析或计量之后，我才觉得比较安心。

14. 我最喜欢数理学科。

15. 有时，我的头脑里出现一些抽象的观念。

16. 我可以在脑中轻而易举地计算数目。

17. 我会思索各种事物所蕴含的规则、周期或逻辑关系。

18. 我喜欢指出人们在日常言行中的不合理、矛盾之处。

19. 我对科学的新发展很感兴趣。

20. 我喜欢玩需要逻辑思考的游戏。

21. 每晚，我的梦境都很逼真。

22. 我觉得几何比代数容易学。

23. 我比较喜欢看有很多图画的读物。

24. 当闭上双眼时，我常看见清楚的影像。

25. 我喜欢随意涂写。

26. 我常用相机或摄影机拍摄身边的事物。

28. 我很喜欢玩拼图游戏、迷宫游戏和其他的视觉猜谜游戏。

27. 我很能想象当我临空鸟瞰某一事物时，该事物将呈现何种形象。

29. 我对色彩反应灵敏。

30. 在不熟悉的地方，我不太会迷失方向。

以上各题答"是"得1分，答"否"得0分。

1~10题考察文字方面的智慧。

11~20题考察数学方面的智慧。

21~30题考察空间方面的智慧。

【游戏心理分析】

得分的高低并不代表智力的高下，只是通过这个游戏明确自己思维在哪些方面有优势，哪些方面还存在欠缺，从而有针对性地进行后天训练加以提高。

两张纸片

游戏目的：

从游戏中看看自己的逻辑分析能力。

游戏准备：

人数：不限。

时间：不限。

场地：不限。

材料：准备两张小纸片，在两张纸片上各写一个数。这两个数都是正整数，差数是1。

游戏步骤：

组织者把两张纸片分别贴在两个参与者的额头上，两人只能看见对方额头上的数。

组织者不断地问：你们谁能猜到自己头上的数吗？A说："我猜不到。"B说："我也猜不到。"A又说："我还是猜不到。"B又说："我也猜不到。"A仍然猜不到，B也猜不到。A和B都已经三次猜不到了。可是，到了第四次，A喊起来："我知道了！"B也喊道："我也知道了！"

你知道A和B头上各是什么数吗？

如果B头上的数字是"1"，A一定能判断自己头上的数字是"2"。A判断不了自己头上的数字是几，说明B头上的数字不是"1"。同理，如果A头上的数字是"1"，B也能判断自己头上的数字是"2"，由此A判断自己头上的数字不是"1"。于是A和B只能假设自己头上的数字为"2"，但是第二轮对方还是不知道自己头上的数字是几，说明自己头上的数字也不是"2"。

这个游戏的的关键是要抓住正整数这个信息。最小的正整数是1，没有比1再小的正整数了，抓住这一点，问题就不难解决了。

【游戏心理分析】

这是一个典型的逻辑推理游戏。逻辑推理锻炼的是人们的脑力思维，它是通过分析、综合、概括、抽象、比较、具体化和系统化等一系列过程，对感性材料进行加工并转化为理性认识及解决问题的。人们可以开动自己的大脑，充分发挥自己的想象，不要漏掉每一个细节，这样才能抓住问题的症结。通过对问题的分析和解读，我们的逻辑思维能力一步步加强，问题也就不难解决了。

智过禁桥

游戏目的：

让人们从不同的角度看问题。找到问题的症结所在，才能更好地找到问题的答案。

游戏准备：

人数：不限。
时间：不限。
场地：不限。
材料：无。

游戏步骤：

在活动场地布置一个模拟场景：A、B两国，以河为界。河上有一座桥，桥中间的瞭望哨上有一个哨兵。从参与者中推荐两个人出来，分别表演过桥者和哨兵。

组织者向大家讲解：

A、B两国，以河为界。河上有一座桥，桥中间的瞭望哨上有一个哨兵。

哨兵的任务是阻止行人过桥。如果有人从南往北走，哨兵就把他送回南岸；如果有人从北往南走，哨兵就把他送回北岸。

哨兵每次离开岗位的时间最多不超过 8 分钟。

但是，要通过这座桥，最快的速度也得 10 分钟。

其他参与者根据上面的提示分析：现在有一个人要通过这座桥。大家想想看，这个人用什么方法能从桥上走过去？

最后，根据大家提供的方法表演一次。

正确做法如下：

看见哨兵离开了哨所，他立刻从北岸上桥往南走，走到 7 分钟的时候，已走过了哨兵的哨所。这时，他转身往北走，走了不到 1 分钟，哨兵回来了，并马上喝令他回到南岸去。这样，他就很顺利地通过了这座桥。

由于过桥有时间限制，所以大家通常总是想如何在规定的时间内走过这座桥，这很容易就陷入圈套。要是你能在哨兵的行动规律上打主意，也许很快就能想出办法来。

【游戏心理分析】

我们在面对一些复杂的问题的时候，总会沿着一个方向进行推断，却把自己带入了死胡同。其实，换一种角度看问题，你会发现解决问题的方法其实有很多种。如果人们一直坚持同一个思维模式，则无法找到解决问题的好办法。换一种思维模式，你会发现问题并不是自己所想的那么难。

老虎过河

游戏目的：

通过寻找最好的解决办法，锻炼人们的思维能力。

游戏准备：

人数：不限。

时间：不限。

场地：不限。

材料：凳子、扫帚、笔。

游戏步骤：

在活动场地布置一个模拟场景：画一条河为界，拿一个凳子或扫帚当船。

从参与者中推荐 6 个人，分别表演母老虎和小老虎。

组织者向大家讲解：

有三对母子老虎（所有的三只母老虎都会划船，三只小老虎中只有一只会划船）和一条船（一次只能载两只）。

三只母老虎不吃自己的孩子，但只要另外的两只小老虎没有其母亲守护，就会被吃掉。

其他参与者根据上面的提示分析：怎样才能让 6 只老虎安全地过河？

设大老虎为 ABC，相应的小老虎为 abc，其中 c 会划船。

（1）ac 过河，c 回来（a 小老虎已过河）。

（2）bc 过河，c 回来（ab 小老虎已过河）。

（3）BA 过河，Bb 回来（Aa 母子已过河）。

（4）Cc 过河，Aa 回来（Cc 母子已过河）。

（5）AB 过河，c 回来（ABC 三个大老虎已过河）。

（6）ca 过河，c 回来（ABCa 已过河）。

（7）cb 过河，大功告成！

【游戏心理分析】

面对这样的状况，怎样才能让剩下的三只老虎过河，这需要我们开动脑筋，寻找最好的解决方案。人们在生活中也会遇见这种进退两难的局面。

首先，我们要坦然面对困难。如果自己先乱了手脚，更无法很好地解决问题。只有保持清醒的头脑，我们才能在这样的局面中冷静地分析问题，并且把问题解决在萌芽状态。

其次，我们要学会勇敢地面对问题。有了面对困难的勇气，我们才能很好地解决问题。

三人决斗

游戏目的：

这个游戏要求人们在面对挑战和困难的时候，坦然面对才能解决问题。

游戏准备：

人数：不限。

　　时间：不限。

　　场地：不限。

　　材料：粉笔、玩具枪。

游戏步骤：

　　在活动场地画一个正三角形，从参与者中推荐三个人出来扮演三个决斗者，每人手持一把玩具枪。组织者向大家讲解：

　　有 A、B、C 三人进行决斗，分别站在边长为 1 米的正三角形的顶点上。每人手里有一把枪，枪里只有一发子弹。每个人都是神枪手，不会失手。

　　其他参与者根据上面的提示分析：如果决斗者 A 不想死，他要怎么做才能保证存活（假设另外两个人都不是傻瓜）。

答案：

　　A 把枪丢到 A 和 B 之间，且枪离自己 70 厘米，离 B 30 厘米。这时 C 会比 B 先开枪，因为 C 要么先发现 A 丢枪，要么可以先用枪指向 B。C 为了防止 B 射杀自己，再捡枪射杀 A（因为 A 的枪离 B 较近，所以 B 完全会这么做），所以只好射杀 B。此时，A 再捡回自己的枪（因为 A 离枪 70 厘米，而 C 离枪大于 1 米），这样就可以保命。

【游戏心理分析】

　　人们在生活中总会遇到困难和挑战。挑战是一个升华自我的过程，正确面对挑战的人，需要有直面困难的勇气。面对竞争，人们会有一种逃避竞争、退缩的心态。这种心态使他放弃了所有的努力。其实，人的一生或多或少都会遇到一些不如意的事情，我们能否以健康的心态来面对是至关重要的。摆脱掉懦弱心理和逃避心理，人们会面对竞争和困难时，才能勇敢地接受挑战。

【心理密码解读】

拆掉思维的墙

　　科学思维是人的特有能力。思维具有广阔性、深刻性、独立性、灵活性、敏捷性、批判性等特点。心理学家曾将思维方式分成三种形式。一是实践思维或动作思维，即以直观的、具体的形式提出解决问题的任务，用实践行动解决问题。发明创造者运用的就是实践思维方式。二是理论思维，即运用抽象概念和理论知识达到解决问题的目的。如思想家、理论科学家惯于运用这种思维形式。三是形象思维。即运用已有的直观形象去解决问题的方式。艺术家正是利用这种形式来创造作品的。

这三种思维又常常被交互使用，有机地融合在一起。因此，青年朋友需要锻炼这几种思维的能力，并力求有所侧重。这样，才有利于解决工作中的问题，并逐步进入较高层次的创造。

思维在认识世界的过程中起重要作用，在改造世界的进程中更有不容忽视的作用。思维是科学艺术创造之母。思维的结晶——"金点子"——能救活一个企业，振兴一个国家。它是塑造大千世界的神奇刻刀，是改天换地的伟大杠杆。

世界上一切革新、发明、创意、主张，都是思维的产物。科学的思考，创造了五彩斑斓的世界，推进了文明的演进。

长时期的持续思考能创造奇迹。俄罗斯文学家高尔基热忱地鼓励人们进行认真思考，让思想自由腾飞。他深情地讴歌"思想的力量"，指出："这思想时而迅如闪电，时而静若寒剑。""思想是人的自由的女友，她到处用锐利的目光观察一切，并毫不容情地阐明一切。""思想把动物造就成人，创造了神灵，创造了哲学体系以及揭示世界之谜的钥匙——科学。"

唯有思考，才能开发出智慧的潜能，才能撞开才智的大门。当今，人类知识总量已超过以往一切时代的总和。全部科学知识的 3/4 是 19 世纪 50 年代以后发现的。"知识爆炸"的态势警策我们，光会积累知识，即使皓首穷经，也难有多大作为。而思维能力强的人，却能再造知识，开发智能，将知识转化为现实的生产力。

据科学家计算，现代人的大脑潜在能力十分惊人。一个正常人的大脑能容纳的信息量，相当于 5~7.5 亿册书籍的容量。而在现实生活中，人的脑力开发量还是微乎其微的，人的巨量"脑力资源"尚有不少"处女地"尚待开垦。而开垦的重要方法，就是要积极调动大脑的思维功能，采取多种方法，激活大脑的运行，开发潜在的思维能力。

第四篇

你的成功路还有多远
——成功心理游戏

第一章　探寻你的情商密码

判试卷

游戏目的：

1. 培养人们的情商。
2. 提高人们的思维能力。

游戏准备：

人数：不限。

时间：10 分钟。

场地：不限。

材料：每人一张白纸。

游戏步骤：

学校进行了一次语文考试，共有 10 道是非题，每题为 10 分，"1"表示"是"，"0"表示"非"。但老师批完试卷后，发现漏批了一张试卷，而且标准答案也丢失了，手头只剩下 3 张标有分数的试卷。

试卷一：

① ② ③ ④ ⑤ ⑥ ⑦ ⑧ ⑨ ⑩

0　0　1　0　1　0　0　1　0　0　　得分：70

试卷二：

① ② ③ ④ ⑤ ⑥ ⑦ ⑧ ⑨ ⑩

0　1　1　1　0　1　0　1　1　1　　得分：50

试卷三：

① ② ③ ④ ⑤ ⑥ ⑦ ⑧ ⑨ ⑩

0　1　1　1　0　0　0　1　0　1　　得分：30

待批试卷：

①	②	③	④	⑤	⑥	⑦	⑧	⑨	⑩
0	0	0	1	1	1	0	0	1	1	1

得分：00

请算出漏批的那张试卷的分数。

答案：

1. 整体比较

	①	②	③	④	⑤	⑥	⑦	⑧	⑨	⑩
70分	0	0	1	0	1	0	0	1	0	0
50分	0	1	1	1	0	1	0	1	1	1
30分	0	1	1	1	0	0	0	1	0	1
待批	0	0	1	1	1	0	0	1	1	1

发现：第1、3、7、8题的答案相同，由30分的试卷可推得其中至少有1题的答案是错误的。

2. 70分试卷和30分试卷比较发现，第1、3、6、7、8、9答案相同，第2、4、5、10题答案不同。

（1）70分的试卷应该是答对7题，那么在答案相同的6题中应该至少有3题是正确的。

（2）30分的试卷只有3题是正确的，所以得出这正确的3题在相同答案的6题中，那么答案不同的4题在30分试卷中的答案都是错误的，相反，在70分试卷中是正确答案。

（3）结论：70分试卷——②④⑤⑩正确。

3. 50分与70分比较得出：50分卷②④⑤⑩为错误。

50分试卷中有4题错误，而其他未得出结论的题中只存在1题错误，从第一次比较中得出这1题错误在第1、3、7、8题中，剩余的第6、9题则是正确答案。

得出结论：①③⑦⑧题中有1题错误，其余正确答案是：②为0，④为0，⑤为1，⑥为1，⑨为1，⑩为0。

4. 批阅试卷：①③⑦⑧题有1题错误，②正确，④错，⑤正确，⑥错，⑨正确，⑩错。

故错误为4题，得分为60分。

【游戏心理分析】

情商主要是指人在情绪、情感、意志、耐受挫折等方面的品质。心理学家认为，情商是一种自我管理、自我激励的形式。批改试卷可以考验人们的耐力和认知能力，人们在批改试卷中可以让自己的思维变得更加清晰明确。人们勇敢地面对自己厌恶的事情，就可以迅速地成长，可以坦然面对自己害怕的和担心的，这样，人们的情商水平也会提高。

应聘技巧

游戏目的：

求职面试对于每一个人来说都是很重要的事情，如何在短短的 30 分钟内让招聘人员了解你，展现出自信和良好的沟通能力起着很大作用。本游戏用于测试人们的情商，并且培养人们的自信心。

游戏准备：

人数：不限。

时间：60 分钟。

场地：室内。

材料：白纸、计分器、笔、角色描述卡片。

游戏步骤：

1. 将人们分成几个小组，每一组负责某一个方面的问题，每个方面都需要提出3~5个问题。例如：

（1）关于应聘者个人的问题。

（2）关于情商的问题。

（3）关于价值和态度的问题。

2. 给每个小组 5 分钟时间，大家设想在面试过程中可能会遇到的问题，并将其记录下来。

3. 请每个小组选出他们将要提问的三个问题，这三个问题可以以一个标准选取。

4. 挑选出 4 位参与者充当志愿者，其中一位是面试考官，三位是应聘者。

发给三个应聘者每人一张角色描述卡片。

5. 现在，面试官给每个应聘者 10 分钟时间回答问题，问题可以是刚才大家提出来的，也可以是面试官认为很重要，但大家并没有提到的。应聘者轮流回答问题，一直到 10 分钟的时间停止。

6. 请面试官选出他想要录取的应聘者，并陈述理由。

7. 大家投票表决招哪个人，记录每个应聘者的支持人数，并排序。注意，每个人只有一次投票机会。

【游戏心理分析】

自信是树立个人良好形象的资本和优越条件。自信能体现出一个人的自尊自爱，能使人们赢得他人的欢迎，所以我们一定要有自信。在社会中，有自信的人才是最引人注目的。尤其是在面试的过程中，自信最能彰显一个人的神采，也是自己智慧流露的表现。自信的人懂得如何在面试中更好地展示自我形象。

穿越绳网

游戏目的：

1. 锻炼人们的合作能力。
2. 对身体素质和意志力的训练。

游戏准备：

人数：不限。

时间：40 分钟。

场地：空地。

材料：绳网、头盔、软垫。

游戏步骤：

1. 参与者必须集体穿越一张与地面垂直的绳网。

2. 网上的一个洞就是一条生路。通过时，身体的任何部分，包括衣服，都不许碰到其边缘，碰到即为失败。

3. "幸存"的人可以继续前进，但每条生路只能使用一次。

【游戏心理分析】

美国作家诺瑞丝拥有一套轻松面对生活的法则：人生比你想象中好过，只要接受困难、量力而为、咬紧牙关就过去了。许多心理学家认为，面临生活考验时，耐力越高，通过的考验也越多，所以要放松心情，靠意志力和自信心冲破难关。

稍微远一点

游戏目的：

让人们意识到情商在沟通中的重要作用。

游戏准备：

人数：不限。

时间：50分钟。

场地：不限。

材料：四级自信模式卡（见附件）。

游戏步骤：

1. 将所有人分成两人一组，一个为 A，另外一个为 B，让其面对面站着，间隔 2 米左右。

2. 让 A、B 一起向对方走去，直到其中有一方认为是比较适合的距离（即再往前走，他会觉得不舒服）停下。让小组中的另一个，比如说 B，继续向前走去，直到他认为不舒服为止。

3. 现在每个小组都至少有一个人觉得不舒服，而且事实上，也许两个人都不舒服，因为 B 觉得它侵入了 A 的舒适区，没有人愿意这样。

4. 现在请所有人回到座位上去，给大家讲解四级自信模式。

5. 将所有的小组重新召集起来，让他们按照刚才的站法站好，然后告诉 A（不舒服的那一位），现在他们进入自信模式的第一阶段，即很有礼貌地劝他的同伴离开他，比如："请你稍微站开点好吗？这样让我觉得很不舒服！"注意，要尽可能地礼貌，面带微笑。

6. 告诉每组的 B，他们的任务就是对 A 笑笑，然后继续保持那个姿势，原地不动。

7. A 中现在有很多人已经对他的搭档感到恼火了，他们进入第二级，有礼貌地重申他的界限，比如："很抱歉，但是我确实需要大一点的空间。"

8. B 仍然微笑，不动。

9. 现在告诉每组的 A，他们下面可以自由选择怎么做来达成目的，但是一定要依照四级自信模式，要有原则，但是要控制你的不满，尽量让沟通顺畅。

10. 如果你们已经完成了劝服的过程，互相握手道歉，回到座位上。

附件

四级自信模式卡

第一级：通过有礼貌地提出请求，设定你个人的界限。

注意：只是对你的需要进行简单、诚实的表达。为了使对方能得到尊重，使用下面的表述："你介意吗（顿一下）？我觉得……"

第二级：有礼貌地再重申一次你的界限或边界。

记住，你要在不得罪任何人的情况下，坚持你的需要！事实上，你不必出言不逊就可以做到。你可以考虑这么说："很抱歉，我真的需要……"（提示：你第一次请求之后对方没有退让的事实，将会给这第二次请求——尽管他还是以和善的方式，但增加了许多力量！）

第三级：让对方知道不尊重你界限的后果。

"这是对我很重要的事。如果你不能……我就不得不……"注意，你的后果也许只是简单地走开。否则将会更难堪。但要注意：大多数人在这个时候通常会放弃的，即使这个需要对他们的健康和心态至关重要！我们大多数人害怕采取坚持的态度。然而，有时我们必须采取行动保护我们的界限，这是事实。

第四级：实施结果。

"我明白，你选择不接受。正如刚刚所说的，这意味着我将……"

【游戏心理分析】

聪明的人都明白，以人为中心，充分发挥人的优势，体现人的价值，提高人的绩效，才能实现人的超越。在当前竞争激烈的情况下，几乎任何一个人都在宣扬自己的文化和价值观。如何让他人认可自己的价值观呢？你可以调动你的情商密码，用微笑征服他人。

扩大市场份额

游戏目的:

训练人们冷静分析问题的能力。

游戏准备:

人数: 不限。

时间: 20分钟。

场地: 能将20米的绳子悬挂至3~4米高的位置。

材料: 乒乓球90个、水桶3个、3条长粗竹竿（3米）、每组三条短绳（2米）、一条长绳子（20米）。

游戏步骤:

1. 主持人事先准备3个乒乓球, 并将其编成1、2、3号, 分别放在编号为1、2、3的三个桶内, 然后将人们分成若干组, 每组10人左右。

2. 将三个水桶分别挂在长约20米长的绳子上面, 并且要保证它们的高度相同。

3. 主持人发给每组一根3米长的粗竹竿, 3条2米长的绳子。

4. 各组队员要将球传到离桶中心还有3米远距离的一个装乒乓球的容器里面, 在规定的时间内, 哪一组传的球最多, 哪一组就是获胜小组。

注意事项:

商场如战场, 变幻莫测。因此, 保持冷静的头脑, 拥有平和的心态十分重要。这样才能正确真实地收集信息、反馈信息、分析信息。只有抓住了可靠的信息, 才能保证科学合理地配置资源。所以主持人一定要强调收集市场信息的重要性, 提醒参与者根据收集到的信息做一个全面的计划, 然后再行动。

团队的角色分类必须要保持明晰, 这样才能将适当的人放在适当的位置上, 以保证达到优化资源配置的目的。

本游戏有一定的危险性, 所以需要有专门教练从旁指导。人们之间相互传递乒乓球的时候, 不能抛或者掷。若球落地, 就要被主持人没收。

【游戏心理分析】

本游戏通过一个很简单的争抢领地的方式，训练人们冷静分析问题的能力，从而更好地利用和优化手中的资源。在商场上，掌握了有效的信息后，就要静心思考，根据自己掌握的信息对自己能够掌控的资源进行有效合理的利用和配置。如果对资源不加利用，就会造成很大的损失。在寻求财富的路上，如果我们不能很好地利用手中所掌握的资源，我们就会与财富失之交臂。

七个和尚分粥

游戏目的：

公平原则可以影响人们的情绪。

游戏准备：

人数：不限。
时间：10分钟。
场地：不限。
材料：无。

游戏步骤：

和尚分粥的故事也许大家都耳熟能详，但是如何才能公平做这件事情呢？在这个游戏中需要我们大家开动脑筋。

1. 主持人首先给大家讲述下面一个场景：

有七个和尚曾经住在一起，每天分一大桶粥。要命的是，粥每天都是不够的。因此，他们心里都十分不满。

一开始，他们抓阄决定谁来分粥，每天轮一个。于是乎每周下来，他们只有一天是饱的，就是自己分粥的那一天。

后来他们开始推选出一个道德高尚的人出来分粥。强权就会产生腐败，大家开始挖空心思去讨好他，贿赂他，搞得整个小团体乌烟瘴气。

然后大家开始组成3人的分粥委员会及4人的评选委员会，互相攻击扯皮下来，粥吃到嘴里全是凉的。

2. 直到现在，那七个笨和尚还在为吃粥的事情头疼不已，在座的诸位有什么办法吗？

【游戏心理分析】

　　能够想出很多的办法，不管是轮流分粥还是一个人专职分粥，分粥的人要等其他人都挑完后拿剩下的最后一碗。为了不让自己吃到最少的，每人都尽量分得平均。因为平均分配，大家心里才会觉得平衡，才乐意接受。你的分配也才能得到大家的认可。因此，我们都希望有一个完全公平、公正、公开的严格的奖勤罚懒制度。一个好的制度可以激发人们的工作积极性，反之，则会打击人们的工作积极性。如何制订这样一个制度，是每个人需要考虑的问题。

99.9％又怎样

游戏目的：

　　用精益求精的精神激励人们。

游戏准备：

　　人数：不限。
　　时间：20分钟。
　　场地：室内。
　　材料：无。

游戏步骤：

　　1. 提问：如果让在座的参与者奉命去主管一条生产线，你们可以接受怎样的质量标准？（质量标准用合格品占全部产品的百分比来表示。）以举手方式统计人们可以接受的质量标准。

　　2. 告诉参与者，现在有些公司正在努力把合格率提高到99.9％。提问：是否99.9％的合格率已经足够？

　　3. 举出材料上令人震惊的统计数字，说明即使是99.9％的合格率也会造成严重的不良后果。

　　4. 最后告诉参与者，摩托罗拉的承诺是达到"六星级"的质量标准——在每一百万件产品中，不合格品应少于三件。

在现实的生活中，我们每个人都想当然地认为 99.9％的合格率应该是最好的了，不可能存在 100％的准确率，但是我们忽视了比率的基数。当比率的基数足够大的时候，合格率 99.9％是远远不够的，最好是 100％。

【游戏心理分析】

本游戏可以测试人们的进取心，培养人们精益求精的精神。精益求精是我们要学习的一种人生态度，也是一种重要的生存智慧。

诺亚方舟

游戏目的：

在紧张的氛围下，看看人们的心理状态。

游戏准备：

人数：不限。

时间：不限。

场地：室内。

材料：椅子（比参加游戏人数少一张）。

游戏步骤：

1. 将椅子围成一圈。先选出一人当诺亚，除了诺亚外，其余的人坐在椅子上，诺亚站在场地中央。

2. 每个人必须为自己选个代表的动物。

3. 诺亚走到每个人面前，他可叫任何一个"动物"，被叫到的"动物"必须站起来跟着他走。当诺亚说："洪水来了!"站着的所有人，包括诺亚必须赶紧找个空位坐下，没有座位的那人则变成诺亚，原诺亚则变成该动物。

4. 当诺亚三次的人则算输。

这个游戏适合聚会时玩，可以活跃气氛。

【游戏心理分析】

这是一个活跃气氛的游戏，但是在轻松的气氛中，我们可以看出其中的紧张环节。紧张的气氛往往会让人变得拘束，因而无法很好地做事。人们在游戏中要有很好的记忆力，并且要有很快的反应能力，要想不出错，则需要保持良好的心理，不让不良情绪影响自己。

聪明囚犯

游戏目的：

看一个人如何在两难境地时，保持积极的心态，并从中受益。

游戏准备：

人数：不限。

时间：3~10分钟。

场地：不限。

材料：一个小奖品。

游戏步骤：

准备一个小奖品，大家围成一圈坐好。

主持人向大家叙述以下故事：

古希腊有个国王，想把一批囚犯处死。当时流行的处死方法有两种：一种是砍头，一种是处绞刑。怎样处死，由囚犯自己挑选一种。

挑选的方法是这样的：囚犯可以任意说出一句话来，这句话必须是马上可以检验其真假的。如果囚犯说的是真话，就处绞刑；如果说的是假话，就砍头。

结果，许多囚犯不是因为说了真话而被绞死，就是因为说了假话而被砍头；或者是因为说了一句不能马上检验其真假的话，而被视为说假话砍了头；或者是因为讲不出话来而被当成说真话处以绞刑。

在这批囚犯中，有一位是极其聪明的。当轮到他选择处死方法时，他说出了一句巧妙的话，结果使得这个国王既不能将他绞死，又不能将他砍头，只得把他放了。

然后，请大家猜猜这个聪明的囚犯说了一句什么话？谁先猜出，发给一个小奖品。

聪明的囚徒对国王说："你们要砍我的头！"

国王一听感到为难：如果真砍他的头，那么他说的就是真话，而说真话是要被绞死的；但是如果要绞死他，那么他说的"要砍我的头"便成了假话，而假话又是要被砍头的。他说的既不是真话，又不是假话，也就既不能被绞死，也不能被砍头。

【游戏心理分析】

聪明的囚徒取胜的关键在于，在困难面前，他能运用积极的心态思考解决问题的方法，让国王陷入推理的两难境地。推理是将一些未知的事物从已知的一些零散的事情中推断出来，需要缜密的思考和反复推敲，最后作出决断。而只有保持积极乐观的心态，才能让自己于冷静之中推理出最佳方案。

联想记忆法则

游戏目的：

帮助人们记住彼此的姓名，并快速熟悉起来。

游戏准备：

人数：不限。
时间：3～10分钟。
场地：不限。
材料：无。

游戏步骤：

1. 请向大家做自我介绍，尽可能温柔地、有感染力地介绍。要求他们站起来说出自己的姓名，并把与姓名相关联的事物一同说出。例如：
（1）"我叫梅兰，我爱吃话梅。"
（2）"我叫丹尼，我要开一辆面包车。"
（3）"我叫小雷，我不喜欢打雷。"
（4）"我叫翁奇，我不是老头。"
2. 请每位选择一个能帮助别人记住他自己特点的方式，也可以用押尾韵的方式说出来。例如："我是快乐的叶乐。"

【游戏心理分析】

记忆联结着人的心理活动的过去和现在，是人们学习、工作和生活的基本机能。这是人们获取知识的必要条件，也是衡量一个人智商高低的一个重要方面。如何帮助一个人更好地记忆呢？你可以借用情商的力量，用有感染力的话语吸引他人的注意力，以更好地记住你传递的信息。

你说我做

游戏目的：

让人们知道积极的心态有利于缓解压力，让人们在竞争中获胜。

游戏准备：

人数：20～30 人。

时间：不限。

场地：活动室。

材料：七彩积木、彩笔、白纸。

游戏步骤：

1. 主持人自己先用积木做好一个模型。

2. 将参加人员分成若干组，每组 4～6 人为宜。

3. 每组讨论三分钟，根据自己平时的特点分成两队，分别为"指导者"和"操作者"。

4. 请每组的"操作者"暂时先到外面等候。

5. 这时主持人拿出自己做好的模型，让每组剩下的"指导者"观看（不许拆开），并记录下模型的样式。

6. 15 分钟后，将模型收起，请"操作者"进入教室，每组的"指导者"将刚刚看到的模型描述给"操作者"，由"操作者"搭建一个与模型一模一样的造型。主持人展示标准模型，用时少且出错率低者为胜。

7. 让"指导者"和"操作者"分别将自己的感受用彩笔写在白纸上。

【游戏心理分析】

勇敢的思想和坚定的信心是治疗压力的良药，它能够中和压力情绪。当你心神不宁时，当忧虑正消耗着你的活力和精力时，你是不可能获得最佳效率，不可能事半功倍地将事情办好的。

所有的压力在某种程度上都与自己的软弱感和力不从心有关，因为此时你的思想意识和你体内的巨大力量是分离的。而一旦你重新找到了让自己感到满意和大彻大悟的那种平和感，那么，你将真正体味到做人的荣耀。感受到这种力量和享受到这种无穷力量的福祉之后，你绝对不会满足于心灵的不安和四处游荡，绝对不会满足于萎靡不振的状态。

橡皮筋

游戏目的：

这个游戏不仅可以活跃气氛，还教会人们坦然面对痛苦和挫折，迎接生活中的挑战。

游戏准备：

人数：不限。

时间：3～10分钟。

场地：不限。

材料：凳子、牙签、橡皮筋。

游戏步骤：

1. 将参与者分成两组，一组参与者排成一排，站在凳子上。

2. 给每位凳子上的参与者发一支牙签，让其衔在嘴里，给第一位参与者的牙签上套一个橡皮筋，要求第二名参与者用牙签接住后向下传。

3. 第三名接住后再往下传……直到最后。

4. 而站在地上的一组参与者除了不能推凳子上的人外，可以用任何办法进行干扰，如果橡皮筋掉了的话，就要重新开始。

5. 一组传完后，两组队员交换角色。

【游戏心理分析】

面对压力和磨难，常有人以逃避来麻醉自己，以减轻痛苦。在能够直面一些困难之前，他们一直是恐惧的、不快乐的。这样只会让可能变成不可能。面对困难时，我们应该相信只要自己多思考、多请教他人，积极面对，总有柳暗花明的一天的。你的心态是你成功与否的关键。

推手游戏

游戏目的：

让人们积极地面对竞争。

游戏准备：

人数：不限。
时间：不限。
场地：不限。
材料：无。

游戏步骤：

1. 每名参与者选一个搭档。

2. 各组搭档双脚并齐，面对面站立，距一臂之隔。

3. 两人都伸出胳膊，四掌相对。整个游戏过程中，不允许接触搭档的其他部位。

4. 每对搭档的任务是尽量让对方失去平衡，以移动双脚为准。未移动的一方将积一分。如果双方都失去平衡，均不得分。若触摸到对方身体的其他部位，则扣除一分。

5. 让搭档们准备好后大喊一声"开始"。

6. 各组的获胜者继续找搭档，开始下一轮淘汰赛。重复下去，直到诞生总冠军为止。

【游戏心理分析】

这个游戏可以让参与者体会到竞争的技巧和乐趣。遇到竞争对手是再正常不过的事情。对待竞争对手，我们要采取一种和风细雨的态度。即使他当众对你无礼，你也要抱之以友善的话语或者笑容。你这种宽容大度的表现，能够化解对方对你的敌意，并最终接纳你。

再撑一百步

游戏目的：

让人们在游戏中学会勇敢地面对生活。

游戏准备：

人数：不限。

时间：10分钟。

场地：不限。

材料：无。

游戏步骤：

1. 让游戏参与者坐好，尽量采用让他们舒服和放松的姿势。

2. 主持人给游戏参与者讲述如下故事：

一座山的一块岩石上，立下了一个标牌，告诉后来的登山者，那里曾经是一个女登山者躺下死去的地方。她当时正在寻觅的庇护所"登山小屋"只距她一百步而已，如果她能多撑一百步，她就能活下去。

3. 讲完故事后，让参与者就此故事展开讨论，让他们讲讲听完这个故事后得到什么启发。

【游戏心理分析】

故事告诉我们，倒下之前你只要再撑一会儿就能够获得成功。在绝望时，我们更要调整自己的心态，尽快让自己拥有积极乐观的心态，多给自己一些鼓励。胜利者，往往是能比别人多坚持一分钟的人。即使精力已耗尽，人们仍然有一点点能源残留着，运用那一点点能源的人就是最后的成功者。人生中充满风雨，懂得竭尽全力抵抗风雨的人才不会被命运打倒。

穿衣服

游戏目的：

沟通的一大误区就是假设别人所知道的与你知道的一样多，这个游戏就以一种很喜剧的方式说明了这一点给人际交往带来的不便。

游戏准备：

人数：不限。

时间：20分钟。

场地：不限。

材料：西服一件。

游戏步骤：

1. 挑选两名参与者扮演"小明"和"小华"，其中小明扮演老师，小华扮演学生，小明的任务就是在最短的时间内教会小华怎么穿西服（假设小华既不知道西服是什么，又不知道应该怎么穿）。

2. 小华要充分扮演学习能力、办事效率比较弱的人，例如：小明让他抓住领口，他可以抓住口袋，让他把左胳膊伸进左袖子里面，他可以伸进右袖子里面。

3. 有必要的话，可以让全部参与者辅助小明来帮助小华穿衣服，但注意只能给口头的指示，任何人不能给小华以行动上的支持。

4. 推荐给小明一种卓有成效的办法：示范给小华看怎么穿。

在游戏的开始阶段，小明就觉得很恼火，这主要是因为小明认为一般人都应该会穿西服，而小华恰恰不会穿西服。以下是工作指导的经典四步培训法：

（1）小明解释应该怎么做。

（2）小明演示应该怎么做。

（3）向参与者提问，让他们解释应该怎么做。

（4）请参与者自己做一遍。

相关讨论：

对于小明来说，为什么在游戏的一开始总是会很恼火？

怎样才能让小明与小华更好地沟通？

【游戏心理分析】

在沟通的过程中，微笑和肯定是非常重要的。因为你的积极的情绪能够有效地影响他人。肯定别人作出的成绩，即使是微不足道的，也可以帮助他们巩固自己的自信心，更快地掌握所要学习的知识。

【心理密码解读】

影响情商高低的因素

美国哈佛大学心理学博士丹尼尔·戈尔曼在 1995 年发表了《情感智商》，书中提出的"情绪智慧"这一理论在全球教育界掀起了一股强劲的旋风。他通过科学论证得出结论，智商（IQ）最重要的传统观念是不准确的，情商（EQ）才是人类最重要的一种生存能力；人生的成就至多 20％可归诸于智商，另外 80％则要受其他因素（尤其是情商）的影响。高情商者是能清醒地把握自己的情感，敏锐感受并有效反馈他人情绪变化的人。

概括地说，情商是指人识别和监控自己及他人的情感，运用共情技术恰当地维护心理适应和心理平衡，形成以自我激励为核心的内在动力机制，形成以理性调节为导向的坚强意志，妥善处理自身情绪情感、与人交往和个人发展等方面问题的心理素质和能力。

哈佛学者说：情商的高低决定着一个人的成败与否，所以情商对于一个人来说很重要。那么如果想提高自己的情商，就需要找到影响情商高低的因素。

1. 先天因素

据英国《简明不列颠百科全书》智力商数词条载："根据调查结果，约 70％～80％智力差异源于遗传基因，20％～30％的智力差异系受到不同的环境影响所致。"情商的形成和发展，先天的因素也是存在的。例如，"人类的基本表情通见于全人类，具有跨文化的一致性"。

美国心理学家艾克曼的研究表明，从未与外界接触过的新几内亚人能够正确地判断其他民族照片上的表情。但是，情感又有很大的文化差异。民俗学研究表明，不同民族的情感表达方式有显著差异。

有人说：智商是先天的，而情商是后天的。这句话有点以偏赅全，虽说情商后天可以培养，但还是有一些先天因素在里面。

儿童心理学研究表明，先天盲童由于社会交流的障碍导致的社会化程度的影响，其情感能力相对薄弱。人类学研究表明，原始人类的情感与文明人的情感有极大差异。他们易怒易喜，喜怒无常，自控能力很差。美国有的人类学研究者认为，人类童年时代的情感控制能力很弱，以今天的眼光看，很像是患有集体精神病。

2. 心胸

1861 年，那位死后仍被世界敬仰的伟大人物——林肯，面临着一个莫大的难题——战争已经爆发，却没有能够作战的将领。后来，林肯听说有一位将军，骁勇善战并善于训练军队，就请他担任主将。可是，这位将军的脾气一点也不比他的本事小，他经常在公开的场合羞辱林肯。有一次，林肯去他家造访，他却让林肯在客厅待着，自己回楼上的房间睡觉。不知道有几个总统或者元首能够忍受如此的怠慢，但是林肯做到了。

无论到了什么世纪，美国人民终将由此而感激和怀念林肯，而那位将军，不过是幸运地遇到了林肯罢了，否则，可能第二天就会被降职、停用。

林肯有一句名言：我不关心个人荣辱，只在乎事态的发展。那些动不动就说"我宁愿如何，也不如何""我愿意，你管不着""我不在乎老板要我做什么，我只是受不了他的态度"的人，他们的情商首先值得怀疑，因为他们没有一个宽阔的心胸。其实一时的委屈很快就会烟消云散，而有些事情却会影响深远。一个高情商的人都有宽大的心胸。

3. 思想

一个人追求的目标越高，就越容易不拘小节，一个人越成功，就越能忍受不公和不如意。志趣高远，牢记自己的目标，知道什么才是最重要的，什么只是暂时的、无所谓的，那么就不会对一些不快的情绪和不如意的事情耿耿于怀。那些献身一种伟大事业的人，可以不计个人荣辱，那些胸无大志的人常常连一句嘲讽都受不了。布莱克说：辛勤的蜜蜂永远没有时间悲哀。只有那些无所事事、浑浑噩噩的人才最容易庸人自扰。

4. 自控

一个有自制力的人，不会被人轻易打倒；一个能够控制自己的人，通常能够做好分内的工作。然而，许多年轻人情绪易波动，自制力较差，虽然他们也想自我锤炼，积极进取，但在感情上控制不了自己。

专家们认为，要成为一个自制力强的人，需做到以下几点：

自我分析，明确目标。

从日常生活小事做起。

绝不让步迁就。

进行自我暗示和激励。

进行松弛训练。

5. 心态

人生在世，谁都会遇到许多不尽如人意的烦恼事，关键是你要以一种平和的心态去面对这一切。平和就是对人对事看得开、想得开，不斤斤计较生活中的得失，有宠辱不惊的胸怀。这样的心态，不是看破红尘、心灰意冷，也不是与世无争、冷眼旁观、随波逐流，而是一种修养、一种境界。

拜伦说："真正有血性的人，绝不乞求别人的重视，也不怕被人忽视。"爱因斯坦用支票当书签，居里夫人把诺贝尔金奖给女儿当玩具。莫笑他们的"荒唐"之举，这正是他们淡泊名利的平常心的表现，是他们崇高精神的折射。

一个人的思维方式或者说心态，也直接影响到人们对情绪的处理。凡事能够用发展的眼光去看待，用积极的心态去面对，即便是件不好的事情也能从中受益。

智商与遗传关系很大，但情商主要是经过后天培养的。3～12岁是情商培养的关键期。情商教育能影响人的一生。心理学家在跟踪调查后发现，凡是关键期受过正规情商培养的人，在学习成绩、人际关系及未来的工作表现和婚姻情况等方面，均优于未受过专门培养的人。可见，情商是很重要的，它有助于形成乐观自信的性格特征。

第二章　洞悉自己的创新潜质

5R法

游戏目的：

1. 向人们介绍学习创新精神的5R法。

2. 鼓励人们用新学到的方法解决一些实际问题。

游戏准备：

人数：不限。

时间：不限。

场地：室内。

材料：《学习创新精神的5R法》（见附件）。

游戏步骤：

1. 主持人向人们介绍"学习创新精神的5R法"。

2. 把人们分成3人一组。

3. 发"学习创新精神的5R法"资料。让人们3人一组共同讨论，把打乱顺序的创新精神的5R法按正确方法排序（次序事先已经被打乱）。

4. 在分组讨论时，主持人巡视一下每组的情况，需要时，可以给予适当的帮助。所有小组都完成排序后，告诉他们要对每个步骤进行深入仔细的研究。

5. 利用幻灯片"学习创新精神的5R法"揭示最终的答案。

附件

学习创新精神的5R法

第一步——记录（Record）重要信息。

第二步——复查（Review）一遍材料。

第三步——让材料"休息"（Rest）一会儿。

第四步——抓住（Recognize）灵光闪动的瞬间。

第五步——提炼（Refine）出最终的答案。

【游戏心理分析】

创新是以新思维、新发明和新描述为特征的一种概念化过程。这也是人类特有的认识能力和实践能力，是人类主观能动性的高级表现形式。人们在生活中需要抓住一瞬间的灵动之光，然后将这一瞬间的灵光提炼出来，并不断深入研究，将创新观念应用于实践中。

营救人质

游戏目的：

1. 引导人们从多个角度思考问题。

2. 培养人们的创新精神。

游戏准备：

人数：不限。人数较多时，需要将参与者划分成若干个由5～7人组成的小组。

时间：5～30分钟（各个团队之间差别很大）。

场地：室外空地或室内较开阔的空间。

材料：8个木桩，2个长2米、截面为5厘米×10厘米的木板，一条稍长于8米和一条稍长于25米的绳子，一把斧头，一个卷尺。

游戏步骤：

1. 主持人首先选一个合适的场地，每个队建立一个方形岛屿：在地上立4个标桩形成一个边长为2米的正方形，这恰好是岛屿的占地面积。保证露出地面的标桩部分不能太高。岛屿四周是宽阔的护城河。

2. 把8米长的绳子缠绕在4个木桩上，形成岛屿的边缘。

3. 岛屿周围的护城河宽度为2米，在岛屿四周再立4个标桩，把25米长的绳子缠绕在这4个标桩上，拉紧即可。

4. 把两个长木板放在外圈绳子旁边。

5. 主持人宣布游戏正式开始：

每组要从城堡救出一个被监禁人质。城堡位于一个方形岛屿上，岛屿四周被护城河包围，河里有很多鳄鱼。原来到达岛屿的唯一路径——吊桥也被破坏，阻止了你们的营救活动。只有自己想办法了，你们搜遍所有地方，只发现了 2 块木板，这也是唯一可以利用的工具。你们的任务是安全到达岛屿，并营救出那个被困在城堡的人质。如果有人不小心碰到"水面"，就会被鳄鱼吃掉（营救计划也将落空）。

【游戏心理分析】

创新的目的是适应客观世界的发展和变化。不论人们承认与否，这种变化总是要出现，总是在进行的。当人们认识了这种发展变化的规律性时，就能够主动地适应它；反之，便会被淘汰。人们的观念是对客观世界的反映，由于客观世界是不断发展变化的，因此，创新观念是对客观变化的一种能动反映和反作用。

平时我们之所以不能创新，或不敢创新，常常是因为我们从惯性思维出发，以致顾虑重重，畏首畏尾。而一旦我们换一个角度来考虑，就会发现很多新的机会。

九点连线

游戏目的：

1. 使人们明白他们固有的思维模式会阻碍他们学习新事物。

2. 打破脑海中固有的认识，向外拓展，才能解决更多问题。

游戏准备：

人数：不限。

时间：5～10 分钟。

场地：教室。

材料：画有 9 个点的图、笔。

游戏步骤：

1. 将 9 个点的图形，展示给人们看。主持人要求大家只用四条相接的直线（每条直线必须相连，而且不能相互重叠），将这九个点连接起来。

2. 请一位已经完成的人上台进行演示。

3. 主持人将正确答案展示给大家看。

【游戏心理分析】

想要创新，就要颠覆陈旧的观念。在现实生活中，敢不敢大胆思考，是十分重要的。有人总是按照权威的言论或现成的理论去思考问题，这样必然会抑制自己的创造性。

要创新，就必须要有打破常规的决心，具体问题具体分析，不敢打破常规者，他的事业将注定不能有大的发展。只有变化，只有创新，才能出奇制胜。

打破思维定式，时时更新你的思想，便不会被过去束缚住。

可乐瓶的妙用

游戏目的：

让人们学会发散思维，能对某件事情提出创造性的见解。

游戏准备：

人数：不限。

时间：10 分钟。

场地：不限。

材料：在每张桌子上放一个可乐瓶。

游戏步骤：

1. 告诉他们要养成"异想天开"的习惯，让他们针对某些问题展开自由讨论。

2. 自由讨论的基本规则是：

（1）不允许使用批评性评语。

（2）欢迎天马行空式的自由讨论（即思路越开阔越好）。

（3）要的是数量，而不是质量。

（4）追求观点的广度与深度。

3. 给出 5 分钟的时间，请他们想出使用可乐瓶的尽可能多的方法。

4. 每组指定一人负责统计，只需统计想出的方法的数目，不一定要把方法也记录下来。

5. 5 分钟以后，请各组首先报告想出的方法的数目。

6. 请他们说出一些看起来极其疯狂、极其不着边际的想法。

【游戏心理分析】

曾获得 1979 年诺贝尔物理学奖的美国物理学家格拉肖说："涉猎多方面的学问可以开阔思路，像抽时间读小说，逛逛动物园都有好处，可以帮助提高想象力，这同理解力和记忆力一样重要。假如你从来没有见过大象，你能凭空想象出这种奇形怪状的东西吗？我这样讲，有的人听起来可能会感到奇怪。但是在我们研究物理问题的时候，往往会用到现实世界的各种形式。对世界或人类社会的事物形象掌握得越多，越有助于抽象思维。"

学习数学，是训练思维的一种有效途径。数学是客观世界的高度数字化、公式化、符号化概括，它是高度抽象和浓缩的。数学中的合并同类项正是它的抽象性最"形象化"的说明。学好数学非常有利于训练和培养思维能力。

学习哲学，也是训练思维的一种有效途径。哲学是各门知识的综合，它所寻求的是对客观世界和人类社会基本规律的认识和概括。如果能够读懂康德的《纯粹理性批判》、黑格尔的《小逻辑》、恩格斯的《路德维希·费尔巴哈和德国古典哲学的终结》、萨特的《存在与虚无》等哲学名著，那么你的理论能力就已经达到了相当高的水平。如果你拥有如此丰富的知识，那么你对某事则往往可以提出创造性的见解。

创意建筑

游戏目的：

1. 团队成员在执行团队任务中发挥创意。

2. 每个组员都能认识到个人创新对团队创新的作用。

游戏准备：

人数：不限。

时间：30 分钟。

场地：教室。

材料：每组吸管 30 支、胶带 1 卷、剪刀 1 把、订书机 1 个以及一些小礼品。

游戏步骤：

1. 主持人发给每个小组材料，说明每组要在 30 分钟之内用这些材料建一座自认为最漂亮的建筑。

2. 这座建筑的塔高至少 50 厘米，要求外形美观，结构合理，创意第一。

3. 做完之后，每组把建筑摆在大家面前，主持人进行评比。胜出小组会得到一份小礼品。

【游戏心理分析】

创新思维在人们的生活中非常重要，生活中有了创新，才会有新的活力注入。

七巧板

游戏目的：

锻炼人们的创新思维。

游戏准备：

人数：不限。

时间：10 分钟。

场地：不限。

材料：每组一套七巧板。

游戏步骤：

1. 主持人将大家分成 3~5 人一组。

2. 发给每组一块七巧板，要求他们在 5 分钟之内将其拼成一个正方形。

在这个游戏中，虽然每个小组手中都有一套七巧板，但是要用它在短时间内拼出一个正方形也是很不容易的。关键是看大家能不能转换思维思考，团队与团队之间形成互补，将大家之间的七巧板共同拼出各组的正方形，才能达到双赢。

建议主持人与大家一起讨论下面的问题：

在拼图的过程中，你们小组是如何利用资源的？个人在拼图的过程中扮演了什么样的角色？

单用你们小组的图形是否能完成任务？有没有想过与其他小组合作来达到各自的目的？

【游戏心理分析】

这个游戏主要训练了大家的创新思维。创新是一种思维的更迭和创造，人们拓展自己的思路，也就拓宽了成功的道路。

平结绳圈

游戏目的：

创新思维有助于人们打破困顿，找到解决问题的方法。这个游戏可以让我们认识到创新思维的重要性。

游戏准备：

人数：不限。

时间：不限。

场地：室内。

材料：准备长短不一的绳子若干条（依人数而定）。

游戏步骤：

1. 主持人将平结的打法教会参与者（平结是一种绳子的活结打法，节点可以任意伸缩）。

2. 参与者将平结打好后成一绳圈，放在地上，然后参与者将脚放在绳圈之内。

3. 主持人提醒参与者："你们的脚在绳圈之内了吗？确认安全了吗？"

4. 参与者确认之后，主持人说："开始换位。"参与者全部离开自己的绳圈并到其他的绳圈之内；三次之后，开始逐渐减少绳圈的数量，每次减少一个，并经常提醒学员："你们的脚在绳圈之内了吗？确认安全了吗？"但要求就是所有参与者不得在绳圈之外（可能是几个人同时挤在同一个绳圈里）。

5. 到最后只剩下一个绳圈的时候，所有人都站在一个绳圈里，不断缩小圆圈，直到所有人都紧紧挤在一起；游戏第一阶段结束。

6. 游戏第二阶段：当主持人不断地将绳圈缩小至极限范围，并不断询问所有人有没有信心挑战极限。参与者不断地进行挑战，当到达极限的时候，往往会出现一些意想不到的结果：比如，有人会问我们有没有办法寻找新的思路来挑战极限。记住，主持人要注意把握参与者的场上气氛，及时加以引导。如果参与者没有办法解决问题的时候，主持人视情况将解决方法公布——所有参与者可以坐在地上，将脚放在绳圈内，就符合游戏的要求："脚在绳圈之内。"

【游戏心理分析】

这是一个锻炼创新思维的游戏。创新思维有助于人们打破困顿，找到解决问题的方法。在游戏中，每个人都要打破思维惯性，另辟蹊径，抓住游戏的内涵，领悟游戏的真谛，从而找到规律，挑战游戏极限。另外，在游戏的过程中，队员之间要互相协调，共渡难关。

牙签游戏

游戏目的：

让人们认识到生活中处处有创新。

游戏准备：

人数：不限。

时间：不限。

场地：室内。

材料：准备一包牙签、一瓶胶水和一些普通的纸。

游戏步骤：

搭牙签塔：取几根牙签，等距离地竖立，并小心地在上面铺一张纸；然后在纸上换个方向再等距离竖立少两根的牙签，在牙签上再铺一张纸；再上一层，牙签数目减少两根，竖立，铺上纸；直至最后只有一根或两根牙签；

若剩一根，粘上一面彩旗，若剩两根，分开竖立，中间粘一横幅：牙签塔。

【游戏心理分析】

牙签除可以清洁牙齿外，还是一种很好的游戏工具。因为牙签细小，可以用来做一些细致的游戏，这是需要耐心和智慧的。创造的过程是不可能一帆风顺的，经常需要返工，可是如果没有耐心，再好的创意也不可能成为现实。

百货商店

游戏目的：

人们在游戏中要将自己的想象和认识联系到一起，并作出有创意的判断。

游戏准备：

人数：不限。

时间：不限。

场地：室内。

材料：准备一些日常用品、桌子，布置一个模拟的百货商店。

游戏步骤：

用一张桌子当服装柜台，一部分人做顾客，另一部分人做营业员。顾客要说清楚自己需要什么，还要有很挑剔的毛病，哪怕是一件不存在的衣服，也要指出纽扣没钉好、衣服有点大，然后谈价钱，再试穿。营业员要听清楚顾客的要求，努力说清楚这件衣服好在哪，要坚持自己的开价，尽量不要被说服，当顾客不满意时，换一件再试。游戏中不一定要从衣橱里拿出一堆衣服，取一块毛巾就可以假设成各种服装，或者用不同的东西代表不同的衣服。顾客要多挑剔，看看营业员是如何运用有创意的解释来说服顾客的，最后使顾客买下商品。

换个地方，或者大家转个身，就到了珠宝柜台，大家可以搬出自己做的珠宝，也可以用扣子、瓶盖、绳子等代表珠宝，顾客同样挑剔，让营业员有机会展示他的推销才能。再换个柜台，或者交换角色，直到大家不想玩为止。

【游戏心理分析】

我们可以通过扮演不同人物来体验他们的感受。游戏中，扮演营业员的人需要针对顾客的各种挑剔，运用自己的推销才能作出令顾客满意的解释。这就要求营业员要打破惯性思维，另辟蹊径，用具有创意的解释说服顾客，促成销售。

颠倒是非

游戏目的：

通过这个游戏看一个人的反向思维能力，这也是一种创新思维的体现。

游戏准备：

人数：不限。
时间：不限。
场地：室内。
材料：准备一些词语、句子和简单的故事。

游戏步骤：

1. 颠倒词语。将词语颠倒过来说，如"蛋糕"变成"糕蛋"，"窗户"变成"户窗"，"被子"变成"子被"，"回家"变成"家回"。主持人说正确的说法，参与者很快说出颠倒的说法，答得越快越好。

2. 颠倒句子。将一句话倒过来说也很有趣。如"狗咬我"变成"我咬狗"，"太阳下山"变成"山下太阳"，"妈妈织毛衣"变成"毛衣织妈妈"。大家一开始会习惯按常规的说法而发生"口误"，消灭"口误"会打破我们的思维定式。

3. 颠倒故事。故事大多是按照时间的顺序编写的。"先……再……然后……最后……"将故事反过来述说就要打破时间逻辑，不大容易接受，需要多次训练才能熟练掌握。

如："小狗和小鸡一起玩，小鸡掉到水里，小狗跳下水去救小鸡，小鸡被救上来，可是身上湿漉漉的，小鸡回家了。"

这个故事很简单。反过来："小鸡湿漉漉地回家了，小狗跳下水救小鸡，小鸡掉到水里，小狗和小鸡一起玩。"这个故事记起来、理解起来就不容易了。

【游戏心理分析】

这个游戏有利于培养我们的反向思维能力。这也是打破人们的常规思维能力的一种方法。人们平时的思维模式是比较固定的，可是，一旦反向思维，人们的思维模式就会发生很大的变化，人们为了适应这种变化，会试着调节自己的思维模式。这也是思维能力的一种创新。

故事接龙

游戏目的：

开发人们的创新能力。在游戏中，人们可以通过自己对故事的理解，发挥自己的想象力，让故事情节更加新颖。

游戏准备：

人数：不限。
时间：不限。
场地：室内。
材料：无。

游戏步骤：

游戏组织者向大家讲解：故事接龙是故事情节的延续。故事情节的发展往往一波三折。作者要善于展开联想，从前文中寻找下文的引子，又给接下去的内容埋下伏笔。

游戏组织者先开始说一个故事，讲到一半，停下来，让下一个人继续讲，下一个人可以改变情节，但要和前人的述说不发生冲突。如，前一个人说"武松上了景阳岗"，后面一个人接着说："武松上了景阳岗后，看见岗上杂草丛生，一片荒凉，想必人们怕虎，不敢上岗……"

一开始就做故事接龙可能有一定的难度，我们可以先做词语接龙和句子接龙的游戏，具体的玩法是这样的：

词语接龙要求词与词之间首尾相连，后一个词的第一个字是前一个词的最后一个字，也可以是同音字，或者是谐音字。如，花生——生气——气球——球鞋——鞋带——代理——理想——响亮。轮到哪位说却想不出词语的人被淘汰出局，剩下的人继续玩，直到只剩一个人。

句子接龙的玩法与词语接龙相似。要求大家轮流说前后相连的句子，后一句的第一个词是前一句的最后一个词或者是它的同音词、谐音词，或者后一句的第一个字是前一句的最后一个字和谐音、同音字。如，妈妈炒菜——菜长在地里——地理课上老师介绍地理知识——知识是力量——力量是力的大小——小青蛙喜欢吃老鼠。

【游戏心理分析】

在这个游戏中，人们要学会独立思考，才能另辟蹊径，才能有创新的想法。调整自己的思维模式，保持思维的敏捷性，这样才能够打破常规，找到问题的突破口。

塑造身体

游戏目的：

让人们认识到想象力是创造力的源泉。

游戏准备：

人数：不限。

时间：不限。

场地：室内。

材料：无。

游戏步骤：

大家围成一圈坐下。

将参与者分成两人一组。

甲假设自己是一块橡皮泥，可以任意弯曲、揉捏，可以塑造成任何形状，听从乙吩咐，坐着、站着或躺着，尽量让身体放松下来。乙是雕塑师，根据需要将甲身体的各个部位进行塑造，抬起这儿，弯弯那儿，甲不要拒绝，任凭乙弯曲、转动、抬起、放下自己的身体，摆出不同的姿势，处于不同的位置，直到乙的"创作"完成。然后甲做雕塑师，乙做橡皮泥。

【游戏心理分析】

突破常规不仅要打破传统思维，还要人们善于运用自己的想象力。因为每个人都具有想象力，而想象力正是创造力的源泉。想象力丰富的人，才能驱使自己的好奇心。好奇心强烈的人，不但对于吸收新知识抱有高度的热忱，并且会经常搜寻处理事物的新方法。

美丽景观

游戏目的：

揭示个人创意和团队创意的重要性。

游戏准备：

人数：不限。

时间：不限。

场地：室内。

材料：（每组一套）A4 纸 50 张，胶带一卷，剪刀一个，彩笔一盒。

游戏步骤：

1. 将参与者分成 10 人一组，然后发给每一组一套材料，要求他们在 30 分钟内，建造出一处优雅美丽的景观来，要求景色美观、创意第一。

2. 每一个组选出一个人来解释他们的景观的建造过程，比如：创意、实施方法等。

3. 由大家选出最有创意的、最具有美学价值的、最简单实用的景观，胜出组可以得到一份小礼物。

【游戏心理分析】

好的创意是成功的关键。如果一开始的思路就错了，或者根本没有明确的目标，就会使工作难以顺利开展。

当想出足够好的创意以后，每个人可以根据自己不同的特长选择不同的任务，比如空间感好的人就可以来搭建模型，手巧的人可以进行实际操作，但一定要有一个领导者，他要纵观整个全局，对创意进行可行性评估，以及最后进行总结。对于组员来说，如果你有了新的创意，一定要跟其他人交流，让他们明白你的意思，并让大家判断你的点子是否可行。

玩具公司

游戏目的：

培养人们创造性地解决问题的能力。

游戏准备：

人数：20人左右。

时间：30分钟。

场地：室内。

材料：纸、笔。

游戏步骤：

1. 首先将人数分成三到四组，每五人一组。主持人告诉每一组参与者现在他们就是一家玩具公司，他们的任务就是设计出一个新的玩具，玩具可以是任何类型、针对任何年龄段，但一定要有新意。

2. 在限定的时间内，让每一个组选出一名组长，并且参与者要在10分钟内对他们设计的玩具进行一个详尽的介绍，内容包括：玩具名称、针对人群、玩具卖点、广告怎么打、这个项目的预算，等等。

3. 在每个组都做完自己的介绍之后，让所有的参与者评判出最好的组，这个组一定要以最少的成本作出了最好的创意。

相关讨论：

什么样的创意会让你觉得眼前一亮？怎样才能想出这些好创意？

时间的限制对你们想出好的创意是否有影响？

一个好的提案是不是只要有好创意就行了？如果不是还需要什么东西？

【游戏心理分析】

从一个产品的设计开发到营销推广都需要好的创意，没有创意的物品或广告是不会有人欣赏的。寻找创意的方法有很多，头脑风暴、自然联想的方法是最为常用的，因为它可以打破思维的局限性，自由地让想象力驰骋，从而获得好的构思。但是对于一件产品来说，创意并不是唯一重要的，好的构想、好的理念还需要实际条件来支持，会受到实现条件的约束，比如本游戏中时间的约束、预算的约束。怎样在限定的范围内寻求利益最大化的解，是我们每一个工作人员应该考虑的重要一步。在集体合作的过程中，合理的分工和妥善的计划是成功的关键，比如上面的游戏如果能合理加工，一些人管创意，一些人搞预算，就一定能事半功倍，在预定的时间内更好地完成任务。

圆球游戏

游戏目的：

鼓励人们进行创新，通过游戏让人们认识到打破旧思维的重要性。

游戏准备：

人数：不限。

时间：不限。

场地：不限。

材料：无。

游戏步骤：

1. 所有的人分成三组，每个小组约 20 人，分别配有 1、2、3 号球

2. 游戏要求将球按 1、2、3 号的顺序从发起者手里发出，最后按此顺序回到发起者手里。在传递过程中，每一人都必须触及到球，所需时间最少的获胜。

3. 球掉在地上一次额外加 10 秒。

游戏中必须要注意的事项：

游戏开始时，三组人一般会不约而同地围成了三个圈，一个接一个地传递，计下三组的成绩，例如分别为 17 秒、18 秒和 50 秒。

"有没有更好的办法让时间变得短些？这个游戏的最好成绩为 8 秒。"主持人可以向所有小组提出挑战。（参考思路：用手围成一个圆筒状，让三个球分别从上面滑下，所用时间仅为 4 秒！这是一个绝妙的想法！当然可能还有

更快的方法，主持人需要不断启发参与者去思考新的方法。）

有的队员看到成绩时连自己都不敢相信——"开始觉得 30 秒已是不可思议的！""能不能再快些？"一个又一个想法从队员们的脑中蹦出来，游戏过程中不断传来喜讯……"9 秒""5 秒""4 秒"，最快的居然只用了 3 秒！通过这个游戏让参与者感受到：每一件看似不可能的事情摆到面前时，勇于打破这种"不可能"的心理定式，才能成功。

【游戏心理分析】

思维可以指导人们的行动，同时也会约束人们的行动。要想成功，唯有打破自己的思维定式。

对人们而言，也许你的条条框框为你的发展立下了汗马功劳，但一味地遵循守旧，就无法开创新的局面。

【心理密码解读】

借用想象的力量进行创造

想象就是人脑对已有表象进行加工改造并创造新形象的过程。

如果你渴望获得什么，那么请你首先想象一下获得它之后的感受，这是你吸引它们的唯一途径。然后，你要让自己相信，你一定能拥有这一切，你也值得拥有这一切。最后，你要时刻专注于上述积极的想法和感受。

福特有一句名言："你认为你行或者不行，你都是对的。"一个人想什么，他就会做什么，最后他就会得到什么。

只要相信有些事情是可能的，那么不可能也会变成可能。过去的伟大发明都是那些最有信心的人开创出来的。他们的信念强烈地刺激着他们的行动和思想。

心理学家指出，如果你想要完成一件事情，你必须首先在内心认识这个事物，然后才能着手去完成它。当你在内心里"看到"一个事物时，你的内在"创造性机制"就会自动把任务承担起来，其完成这项工作的成效要远远胜过你有意识的努力。因此，在做一件事情时，不要过分地用有意识的努力或钢铁般的意志力去施加影响，也不要过分担心，总是疑心自己所做的一切的正确性。应当放松神经，在心里想着你真正要达到的目标，然后"让"你的创造性成功机制来承担任务。这样，心里想着你要达到的目标，最终将迫使你运用"积极思维"。这样，你就能"心想事成"。但是你并不能因为心里想着"干这件事"而不做努力或停止工作，你的努力要用来驱使你向目标迈进，而不是纠缠在无谓的心理冲突之中。

如果我们正想象自己以某种方式行事，那么，实际上你也几乎就是那样做的，因为心理图像可以为我们提供一个实践的机会，让我们的行为能日趋完善。

日常生活中，我们常常对别人说："祝你心想事成！"可是你知道吗？"心想事成"是有科学依据的。

为什么"心想事成"会实现呢？这是由于神经系统无法区分实际的经验和生动想象得出的经验，因而心理的图像便给我们提供了一个实践机会，我们可以通过想象把新的方法"付诸实践"。

明白"心想事成"的道理，人们在生活中懂得运用心理图像来将自己的想法"付诸实践"。

曾有报道刊登过一个实验，证明了心理练习能够改进投篮的效果。

第一组学生在 20 天内每天花 20 分钟练习实际投篮，把第一天和最后一天的成绩记录下来。

第二组学生也记录下第一天和最后一天的成绩，但在此期间不做任何练习。

第三组学生记录下第一天的成绩，然后每天花 20 分钟做想象中的投篮。如果投篮不中时，他们便在想象中作出相应的纠正。

实验结果：

第一组每天实际练习 20 分钟，进球增加了 24％。

第二组因为没有练习，所以没有什么进步。

第三组每天想象练习投篮 20 分钟，进球增加了 26％。

这个实验证明，心理图像能够改进人们的行为。

既然心理图像有如此神奇的功效，那么，我们如何练习呢？

每天腾出 30 分钟时间，独自一人，排除干扰，尽量放松，使自己感到舒适。然后闭上眼睛，开始想象。

需要记住的是，在这 30 分钟内，你要看到自己的行动和反应是适当的、成功的和理想的。昨天的行为如何，这无关紧要，你也不必期望明天会有理想的行动，你的神经系统到时候自然会负起责任——如果坚持练习下去的话。想象你在按照你希望的那样行动、感受和"存在"。如果你比较羞怯，害怕在大庭广众之下表现自己，那么请你想象你出席了一个盛大的活动，并在大众面前发表了演讲，你表现得很从容，你因此而感到很惬意。通过这种练习，在你的头脑和神经中枢系统建立起新的"记忆"或者存储数据，并建立起一个新的自我意向。在练习进行一段时间后，你会惊奇地发现，你的行为"完全不同"了，多多少少有一些自动和自发性——你毫不费力地改变了自己以前的行为，这是必然的。如果你不"进行思考"或"努力"达到无效的感觉和不适当的行为，而且这些不适当的感觉和行为是自动的和自发的，是因为你在自动机制里建立的记忆本身就是不适当的，自动机制不管接受肯定的还是否定的思想与经验，都会自动地进行工作。

　　如果你把自己想象成失败者，那么你就难以取得胜利；如果你把自己想象成胜利者，那么将带来无法估量的成功。伟大的人生以你想象中的图画——你希望带来什么成就，做一个什么样的人——作为开端。

第三章　最大化的影响力

扩大市场份额

游戏目的：

使销售人员通过对市场信息的掌握，更好地优化和利用资源。

游戏准备：

人数：不限，10～12人一组。

时间：30分钟。

场地：将20米的绳子悬挂到3～4米高的地方。

材料：乒乓球300个、水桶3个、3条长粗竹（3米）、每组3条短绳子（2米）、1条长绳子（20米）。

游戏步骤：

1. 主持人将300个乒乓球分为3组（每组100个）分别编为1～3号，再分别放在编号为1、2、3的3个水桶内。

2. 将3个水桶分别悬挂在长绳子上，高度相同。

3. 给每组一根3米长的粗竹，3条2米长的绳子。

4. 各组队员要将球传到离水桶中心3米远距离的一个容器内，在规定的时间内，哪一组所传的球最多，就是获胜的小组。

【游戏心理分析】

爱默生说："知识与勇气能够造就伟大的事业。"销售人员要想成功，就要持续不断地学习，不断更新自己的知识。我们每一个人每天都要学习，时时不忘充电，并且把学到的知识运用到实际工作中。这样做了，你还有什么理由不优秀呢？

因此，作为销售人员在市场竞争中应了解以下知识：

1. 市场知识

市场是企业和销售人员活动的基本舞台，了解市场运行的基本原理和市场营销活动的方法，是企业和销售获得成功的重要条件。

2. 市场营销知识

作为一名优秀的销售人员，其任务就是对企业的市场营销活动进行组织和实施。因此，必须具有一定的市场营销知识，这样才能在理论基础上、实践活动及探索和把握市场销售的发展趋势上占优势。

3. 心理学知识

现代企业的营销活动是以人为中心的，它必须对人的各种行为，如顾客的生活习惯、消费习惯、购买方式等进行研究和分析，以便更好地为客户提供最大的方便与满足，同时实现企业利益的增加，为企业的生存和发展赢得一定的空间。

4. 企业管理知识

一方面是为满足顾客的要求；另一方面是为了使推销活动体现企业的方针政策，达到企业的整体目标。

不可能的销售

游戏目的：

1. 帮助人们在最困难的情况下如何与对方沟通。
2. 提高销售能力。

游戏准备：

人数：不限。
时间：30分钟。
场地：室内。
材料：卡片若干，每张写出一种商品名称。

游戏步骤：

1. 把人们分成3人一组，给每组一张卡片。每张卡片上写着一件商品的名字以及它对应的销售人群。问题很明显，这些人群看起来并不需要这些商品。实际上，这些人群看起来完全应该拒绝这些产品。因此，每个小组的挑战是，销售不可能卖出的物品。

2. 每个小组应该设计出一段简短的广告语。该广告应该展示以下三点：

(1) 该商品如何能使这个人群的生活变得更好。

(2) 这个人群如何有创造性和有意义地使用这件商品。

(3) 该商品与这个人群的特有目的和价值标准之间是如何匹配的。

3. 给每个小组 10～15 分钟。各小组应首先讨论一下上一步列出的几点要求；然后写出一个一分钟长的广告，以一种很有趣和很有说服力的方式表达这几点。

4. 每个小组把他们的广告词朗诵给其他组的成员听，好像他们就是目标人群一样。倾听者应该在思想上把自己看成这个人群，倾听广告。人们应该根据广告是否能打动他们，是否能满足某个特定需要，来评判其是否成功。人们可以通过伸 1 个或 5 个手指来表决，5 个手指表示，这个广告会说服他们购买物品。1 个手指表明，他们会笑话销售人员，让他们离开。

5. 主持人对比各组分数，祝贺获胜的一组，并带头鼓掌。

相关讨论：

你如何理解目标人群的真情实感？

为了卖出这件商品，你们小组采用了什么策略？关于目标人群的需要、想法或价格标准，你们是怎样设想的？

你是否曾经遇到过这种情况：你觉得你的目标和对方的需要并不一致？在这个游戏中练习的技巧对应付类似局面是否有所帮助？如果你将来面对类似的情况，你会采取不同于以前的什么做法？

【游戏心理分析】

销售心理学中讲，销售人员要根据顾客的心理变化来沟通才能达到良好的效果。人们在销售过程中怎样才能够进行良好的沟通呢？

重点培养自己分析问题的能力。要学会透过事物的表面现象，把握事物的本质特征，并善于综合概括。在这个基础上形成的交流语言，才能准确、精辟，有力度，有魅力。

同时还应尽可能多地掌握一些词汇。福楼拜曾告诫人们："任何事物都只有一个名词来称呼，只有一个动词标志它的动作，只有一个形容词来形容它。

如果讲话者词汇贫乏，说话时即使搜肠刮肚，也绝不会有精彩的谈吐。"

令人满意的售后服务

游戏目的：

培养人们处理商品的推销和售后服务面临的异议和争端，提高与顾客沟通的技巧。

游戏准备：

人数：不限。

时间：15分钟。

场地：室内。

材料：无。

游戏步骤：

1. 将参与者分组，2人一组。每组指定一个人是A，扮演销售人员；另一个人是B，扮演顾客。

2. 场景一：A现在要将某件商品卖给B，而B则想方设法地挑出本商品的各种毛病。A的任务是——回答B的问题，无论如何要让B满意，不能伤害B的感情。

3. 场景二：假设B已经将本商品买了回去，但是商品现在有了一些小问题，需要进行售后服务。B要讲一大堆对于商品的不满，A的任务仍然是帮他解决这些问题，提高他的满意度。

4. 交换一下角色，然后再做一遍。

5. 将每个组的问题和解决方案公布于众，选出最好的组给予奖励。

【游戏心理分析】

有经验的销售人员一定会有这种体会，所有的顾客在成交过程中都会经历一系列复杂、微妙的心理活动的，而安全心理是每个顾客都会有的心理，所以销售人员要做到让顾客放心，良好的售后服务是关键。

顾客服务游戏

游戏目的：

学习面对顾客时的推销技巧。

游戏准备：

人数：不限。

时间：10～15分钟。

场地：不限。

材料：剧本。

游戏步骤：

1. 主持人从参与者当中选出两个人充当演员，让他们按剧本进行表演。先给他们一些时间熟悉角色。告诉其他参与者要特别注意演员的所作所为，以及它们是如何影响两人间的交流与互动的。

场景一：

顾客：你好！

（员工看着顾客走进来，但没有微笑，也没有说什么。）

顾客：嗯，我想了解一些加勒比海旅游线路的信息。

员工：（使用一种友善的声音，但双手交叉抱在胸前，而且没有直接看着顾客）当然，我们提供了几种选择。你需要一些介绍手册吗？你想查看一下可行性和价格信息吗？

顾客：好，我现在只需要一些介绍手册，可以带回家看。我们到明年之前还没有出去旅游的打算。

员工：没问题。这里有一些你需要的手册（将手册交给顾客）。你可以看一看，如果有什么问题，可以给我打电话。

顾客：好的。谢谢你。

员工：没关系。

2. 让演员演绎场景二，要求其他参与者找出顾客服务代表所做的对顾客有积极影响的五件事。

场景二：

员工：（看着顾客走进来，面带微笑）早上好。

顾客：你好！

员工：（直面顾客，做眼神交流）我能为你做些什么吗？

顾客：哦，我想了解一些加勒比海旅游线路的信息。

员工：好的。我们提供了几种选择。你需要一些介绍手册吗，或是你想查看一下可行性和价格信息？

顾客：哦，现在我只需要一些手册带回家看。我们到明年之前还没打算去。

员工：没问题。这里有一些你需要的手册（将手册交给顾客）。你可以看一看，如果有什么问题，可以给我打电话。

顾客：好的。谢谢你。

员工：谢谢你的来访。

（顾客转身离开）

3. 主持人提示第二个场景是对第一个场景的重新设定，但这回顾客服务代表记住了这五件事：

(1) 微笑。

(2) 问候顾客。

(3) 使用开放的肢体语言。

(4) 进行眼神交流。

(5) 向顾客致谢。

【游戏心理分析】

销售的过程其实就是人们在相互影响和作用的过程，是人与人之间复杂而微妙的沟通过程。人们做任何事都是为了满足其不同心理需求，当心理需求得不到满足时，内心就会处于"饥渴"状态，迫切地希望能够通过各种途径得以弥补。而销售人员正可以利用顾客的这一心理，巧妙地促使顾客购买自己的商品。优秀的销售人员一定是将顾客的问题当做自己的问题来解决，这样才能赢得顾客的信赖。为顾客着想是一个对顾客投资的过程，会使销售人员与顾客之间的关系更加稳定牢固，使合作更加长久。

提高你提问的技能

游戏目的：

帮助你提高提问的技能。

游戏准备：

人数：不限。

时间：一小时。

场地：不限。

材料：无。

游戏步骤：

1. 将人们分成若干组，每组3人。给小组3人分配角色。

(1) 新任经理

现在你考虑这样一种情况，你要到另一个部门去接任工作。在这个练习里，你将有机会计划并组织一次面谈。你要确定需要了解什么信息，制订一个提问单，以便在面谈中使用。

(2) 前任经理

你在心里准备几个有关与你一同工作的人的特点和工作中的一些问题。这样，你可以有准备地回答你的继任者所提出的问题。同时，你要运用你的想象力，使你的回答具有真实感。

(3) 观察者

你的角色是观察，不要说话。如果你愿意的话，可以做些笔记。你观察的要点如下：

提问的类型和回答的方式。

问题提出的方式与恰当与否。

其他对谈话有帮助的行为等。

当谈话结束后，你把你观察的结果向两个人反馈（特别是提问者）。你的反馈是描述你观察到的实事，而不是评价，重点放在提问的结构方面。注意：每个人要轮换自己的角色。

阅读完上述内容提要后，请看下一步，并用15分钟准备各自的角色。

2. 主持人告诉大家：现在你有 10 分钟的时间考虑你的角色。你的目的是尽可能多地了解有关你的即将接手工作的信息。这些信息应是非技术性的，仅涉及有关共事人及所存在的问题。你现在开始准备要问的问题，以便帮助你完成这次面谈。注意你所选择的提问类型，完成对实事、观点、建议等方面信息的收集。

最后，应记住这次面谈是真实的，而且对双方都有很大影响。当然，在提问过程中，你可以保留一定的自由度，允许你对信息作出适当的反应。等你的小组成员都准备好了之后，可以进入第三部分的面谈了。

3. 面谈。每次面谈时间为 10 分钟，然后是 5 分钟的反馈（由观察者），最后交换角色。

相关讨论：

你在角色扮演中，感到自己的提问技巧有了哪些方面的改善？

根据你在角色扮演中的体会，你将如何在工作中提高自己提问的技巧？

【游戏心理分析】

有效的提问在整个沟通进程中起着重要的作用。虽然提问没有什么标准的模式，但是下面的一些实践练习能够启迪你的提问智慧，帮助你树立起提问的意识，让你善于提问。

先了解顾客的需求层次，然后询问具体要求。了解顾客的需求层次以后，就可以掌握你说话的大方向，把提出的问题缩小到某个范围之内，从而了解顾客的具体需求。如顾客的需求层次仅处于低级阶段，即生理需要阶段，那么他对产品的关心多集中于经济耐用上。

提问应表述明确，避免使用含糊不清或模棱两可的问句，以免顾客误解。

提出的问题应尽量具体，不可漫无边际、泛泛而谈。针对不同的顾客提出不同的问题，才能切中要害。

提出的问题应突出重点、扣人心弦。必须设计适当的问题，诱使顾客谈论既定的问题，从中获取有价值的信息，把顾客的注意力集中于他所希望解决的问题上，缩短成交距离。

提出问题应全面考虑，迂回出击，切不可直言不讳，避免出语伤人。

洽谈时用肯定句提问。在开始洽谈时用肯定的语气提出一个令顾客感到惊讶的问题，是引起顾客注意和兴趣的可靠办法。

询问顾客时要从一般性的事情开始，然后再慢慢深入。

抽卡表演游戏

游戏目的：

1. 促进成员间更深入地、多层面地了解。
2. 提高提问、倾听的技巧。
3. 激发成员的表演潜能。
4. 培养良好的人际关系和团队精神。

游戏准备：

人数：不限。

时间：40分钟。

场地：会场。

材料：各组需要2倍于组员人数的卡片。

游戏步骤：

1. 主持人说明游戏意旨和方法："现在我们每个小组分别围成圆圈，每个人都应该能相互看到彼此的脸孔。你们中间放着一叠卡片，轮流开始抽卡片，每个人都会抽到一张卡片，抽到卡片者应按卡片上的指示进行表演。做完后，由下一位抽卡片者表演，依次轮流。"

2. 将人们分成若干组，每组人数在7～10人，圆形围坐。每个小组之间保持一定距离，以免产生干扰。

3. 实施游戏：先决定由谁先抽，然后依次轮流。

【游戏心理分析】

这个游戏可以帮助人们更深入地了解彼此。在彼此的交流中，倾听属于有效沟通的必要部分。善于倾听的人，往往容易被他人认可，也懂得积极地配合团队的工作。

聪明的理发师

游戏目的：

学会在生活中使用赞美之词。

游戏准备：

　　人数：不限。

　　时间：5分钟。

　　场地：会议室。

　　材料：无。

游戏步骤：

　　主持人给大家讲一个关于理发师和宰相的故事。

　　一国宰相有一次请一个理发师理发。理发师理到一半时，也许是因为过度紧张，不小心将头发剃秃了一块。这下可把他吓坏了，顿时惊恐万分，宰相要是怪罪下来，那还了得。

　　情急之下，理发师忽生一计。他连忙将剃刀放下，故意两眼直愣愣地看着宰相的肚子。

　　宰相见他这样，感到十分迷惑，连忙问："你不继续理发，为什么盯着我的肚子看？"

　　理发师解释道："人们常说，宰相肚里能撑船。我看你的肚子并不大呀，怎么可能撑得了船呢？"宰相顿时哈哈大笑："宰相肚里能撑船，是指宰相的气量相对比较大，对于一些小事情，能够容忍，不计较。"

　　理发师听到这里，"扑通"一声跪在地上，战战兢兢地说："小的该死，刚才在给大人理发时，不小心将头发剃秃了一块，宰相你的气量大，请饶恕小的吧！"

　　宰相闻听此言，摸摸自己的头发，果真发现秃了一块。刚要勃然大怒，但转念一想：自己刚说过宰相的肚量大，不计较小事，现在怎么能对犯了小错的理发师治罪呢？

　　于是，笑着说道："好了，你起来吧，谁让宰相的肚里能撑船呢？"

【游戏心理分析】

　　何为赞美？赞美就是将对方身上确实存在的优点强调给对方听。那么何为请教？请教就是挖掘出对方身上的优点并请求对方进行传授和分享。心理学家研究发现，在现实生活中，每个人都渴望得到别人的赞美和欣赏，更希望别人向他请教，从而体现出自身的价值，获得心理的满足感和优越感。

从心理需求的角度来讲，喜欢听到别人的赞美，希望得到别人的认可是人之常情，无可厚非，因为没有任何人会喜欢被否定和指责。

举重

游戏目的：

使人们深刻认识到只有不断变得强大，才能不断获得成功。

游戏准备：

人数：不限。
时间：由团队人数来决定。
场地：室内、室外均可。
材料：砖头、绳、木棍。

游戏步骤：

1. 用绳子捆三块砖头（对女性可减少），绳子另一端系在木棍上，做成一个简易哑铃。
2. 鼓励人们挑战极限，不可一次举不起就放弃。
3. 每个人进行三次试举，成功就加重量。

【游戏心理分析】

或许，每个人对于"强者"的定义都不同。但无论哪种结论，强者的本质在于内心。一个内心强大的人，远远强于只有外表强大的人。

我们之所以追求内心的强大，是因为有了它，我们才能获得一次又一次成功，才可能登上生命的巅峰。

强大的内心，让我们无畏于征途中的艰难险阻，让我们在一次次挫折之后仍不屈不挠，让我们在承受一次又一次的打击后却仍能为目标而努力奋斗。

赢得顾客

游戏目的：

1. 让团队成员体会合作精神的重要性。

2. 如何在合作中为顾客服务。

游戏准备：

人数：不限。

时间：由游戏进程来确定。

场地：室内。

材料：玩具枪、网球、小塑料方块各 1 个（这些东西不能让人看到，可放于包内）。

游戏步骤：

1. 如果人多则应分成若干小组，每组以 10～12 人为佳。游戏开始前主持人进行如下说明：我们每个小组是一个公司，现在我们公司来了一位"顾客"（玩具枪或网球等）。我们大家一定要接待好这个"顾客"，不能让"顾客"掉到地上。一旦掉到地上，顾客就会很生气，同时游戏结束。

2. 规则如下：

（1）"顾客"必须经过每个团队成员的手，游戏才算完成。

（2）每个团队成员不能将"顾客"传到相邻的成员手中。

（3）主持人将"顾客"交给第一位成员的同时开始计时。

（4）3 个或 3 个以上成员不能同时接触"顾客"。

（5）团队成员的目标是追求速度最快化。

（6）最后拿到"顾客"的成员将"顾客"递给裁判，游戏计时结束。多玩几轮，看速度是否可以更快。

【游戏心理分析】

在商业经营中，有一个重要的理念就是"顾客是上帝"。每一位顾客都渴望得到销售人员的关心和重视，渴望得到适合自己，并能给自己带来实惠的商品和服务。赢得顾客的道理很简单，在市场经济条件下，只有顾客买你的账，你才能赚钱。每一个销售人员要懂得分析顾客的心理，多换位思考，站在顾客的角度推荐自己的商品，这样才能更好地促成销售。

换人大挑战

游戏目的：

使人们学会快速适应突变的环境。

游戏准备：

人数：不限。
时间：15分钟左右。
场地：教室或会议室。
材料：纸和笔。

游戏步骤：

1. 将人们分成2组，然后让他们分别讨论同一课题，最后提出解决办法（这个问题应该有一定难度，不能很快解决）。

2. 5分钟之后，主持人从两组里随意挑选一人进行组间互换，然后接着讨论。

3. 如果再过5分钟这个问题还没有解决，再选另外两个人进行调换，直到问题解决为止。

【游戏心理分析】

对于中途换来的人，作为本组成员，你们有无不适？当有新成员融入集体中时，你们是否觉得交流受阻了？面对这种情况，你是用积极、乐观的态度面对，还是用消极、悲观的态度面对？同样的事物，以不同的态度、方法去对待，结果自然也就完全不同，这就看你自己的行动了。

高空飞蛋

游戏目的：

让人们明白看似困难的问题其实很简单。

游戏准备：

人数：不限。

时间：30 分钟。

场地：楼房及楼下空地。

材料：每组鸡蛋 1 枚，小气球 1 个，塑料袋 1 个，竹签 4 个，塑料匙、叉各 2 个，橡皮筋 6 条。

游戏步骤：

1. 将人们分成若干个小组，3 个人组成一个小组为佳。将材料发给每组，同时给每组 30 分钟的准备时间，而后到指定的三楼把鸡蛋放下来。各小组必须用所给的材料来设计保护伞，以免鸡蛋破裂。

2. 30 分钟之后，每组指定一位成员在三楼放鸡蛋，其他成员可以到楼下空地观看，检查落下的鸡蛋是否完好。

3. 鸡蛋完好的小组是优胜组。如果有好几个小组的鸡蛋都未摔破，则可以进行复赛和决赛。

【游戏心理分析】

心理学上所说的困难，是指人们为实现预定目标采取的行动受到阻碍而不能克服时，所产生的一种紧张心理和情绪反应，它是一种消极的心理状态。

受挫后的心理失衡，不仅影响人的工作、生活，还严重影响人的健康。长久的心理失衡不仅会引起各种疾病，甚至会使人产生轻生的念头。为了避免受挫后消极心理的产生，应将自己的心理痛苦向他人诉说。

飞盘争夺战

游戏目的：

1. 训练人们的反应能力。

2. 增强团队的向心力。

游戏准备：

人数：不限。

时间：10 分钟。

场地：一块宽敞的草地。

材料：给每人准备一个飞盘（或一种塑料投掷玩具）。

游戏步骤：

1. 把所有飞盘间隔几米远，放在草地上。

2. 让人们围着草地四周边走边唱，但要和飞盘保持一定的距离。当主持人大声喊"南太平洋"时，大家尽快向其中一个飞盘跑去。最后一个到达飞盘的人将被淘汰。人们跑向飞盘时，不能相互推挤，否则也要被淘汰。

3. 重复上述过程，人数变少时，飞盘的数量也要减少。直到场上只剩下一个人，他就是最终的获胜者。

【游戏心理分析】

思维敏捷的人其应变能力也较强。他们在顺境时懂得居安思危，不断捕捉新的信息，在危难时刻能够稳住阵脚，转危为安。

绳子建房

游戏目的：

1. 锻炼人们在团队中的领导能力。
2. 增强队员之间的沟通能力。

游戏准备：

人数：不限。

时间：30～40 分钟。

场地：空地。

材料：3 条绳子的长度分别为 20 米、18 米、12 米，15 个眼罩。

游戏步骤：

1. 主持人将人们分成 3 组，每组 5 人。把 3 根绳子分配给 3 个小组。

小组 1：20 米的绳子。

小组 2：18 米的绳子。

小组 3：12 米的绳子。

2. 主持人发给每人一个眼罩，要求各小组蒙住眼睛完成下列任务：

小组 1：建一个三角形。

小组2：建一个正方形。

小组3：建一个圆形。

3. 各小组完成后，主持人告诉3个小组的全体人员，要他们一起用绳子建一座房子。

【游戏心理分析】

要想完成这个任务，各组成员必须进行有效的沟通。沟通能力是指一个人与他人有效地进行沟通的能力。一个具有良好沟通能力的人，可以将自己所拥有的专业知识及专业能力充分发挥出来，并能给对方留下深刻印象。良好的沟通能力可以帮助领导提高下属的士气，赢得他们的尊重，还可以大大提高团队的工作效率。

【心理密码解读】

具备领导人格魅力

一个人要成为强者，必须得到别人的支持和帮助，还需要别人的配合，而要想得到别人的支持，你必须有相当的管理才能，具有领导的才能和人格魅力。

没有人天生是领袖，没有人天生就具有出色的管理才能。领袖的素质和管理才能是通过后天的努力和学习得来的，是可以通过培养获得的。

那么，怎样培养自己的领导才能和管理才能呢？如何使别人乐于和你合作，支持与帮助你成功呢？

第一，你要端正自身，当好表率。

"公正"是领导要学的第一课，对己公正，对人公正，对事公正，才能够树立领导的威信。

领导不能做到公正，原因是无法端正自己的内心。内心端正了，处事就没有偏私。

《论语》中云："其身正，不令而行；其身不正，虽令不从。"这句话也是告诫领导者必须品行端正，谨慎从事，以身示范。

领导者是众人的榜样，他的言谈举止、音容笑貌、喜怒哀乐，会直接影响到他人。如果他自身的行为规范得体，即使不制定任何法令（规章）、制度，人们也能自然地效法他的行为，走正道，做正事。然而，如果他自身的行为不正，胡作非为，即使制定严格的法令、法规，人们也不会遵守。

第二，尊重团体的每一位成员。

这是保证成功的基本准则。虽然你可能确信你比其他的参与者更有知识，但重要的是，你要让他人充分地表达自己的观点，而不要随意打断或表现出不耐烦。也许在某些场合，其他成员不同意你的分析或结论，即使你确信你是正确的，当发生这种情况时，你需要作出必要的妥协和让步。如果做不到这一点，就接受现实，尽你所能阐述自己的观点，力争使他人能够接受。

作为领导，就要明白"兼听则明"的道理。无论成员的意见是否正确，是否具有实际操作性，都不要进行讽刺。

第三，考虑问题应尽可能地周到。

处理事情的时候要多思考还有哪些不符合人性的地方。人人都用自己的方法来领导别人，但是总有一种最好的、最理想的方法。

第四，追求进步。

相信自己和别人还可以进步。在每一个行业中只有精益求精的人才能够不断地进步。作为领导者更应该时刻追求进步，不能随遇而安。如果领导者不求上进，怎么可能带领一支优秀的团队呢？

第五，学会独处与思考。

腾出一点时间进行有益的思考。领导者每天都应该花一定时间来单独思考。忽略了自己大脑的思考能力的人不可能成为一个出色的管理者和领导者。

第五篇

洞悉人性弱点，透视博弈之道——人性博弈游戏

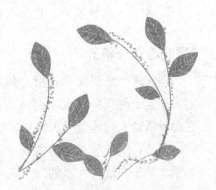

第一章 不可不知的人性弱点

同心协力

游戏目的:

调动参与者的兴趣,并从游戏中体会友谊和协作的乐趣。

游戏准备:

人数:不限。

时间:不限。

场地:室外。

材料:无。

游戏步骤:

1. 将参与者分成几个小组,每组在5人以上为佳。

2. 每组先派出两人,背靠背坐在地上。

3. 两人双臂相互交叉,合力使双方一同站起。

4. 以此类推,每组每次增加一人,如果尝试失败需再来一次,直到成功才可再加一人。

5. 主持人在旁观看,选出人数最多且用时最少的一组为胜。

【游戏心理分析】

别看这个游戏简单,但是依靠一个人或几个人的力量是不可能完成的。因为在这个游戏中,大家组成了一个整体,需要全力配合才可能达到目标。它可以帮助人们体会团队相互激励的含义,帮助他们培养团队精神。

另外,这个游戏还考验每个小组的领导者,看他怎么指挥和调动队员。如果步调不一致,大家的力气再大也不可能顺利完成。这种情况下,作为小组的领导者，应该想一些办法来解决这个问题。比如可以让大家跟随他的动作；或想出一个口号，既可以鼓舞士气又能统一大家的节奏。

无论队员还是领导者都应该明白，任何一个人的不配合都会对小组的行动产生负面效果。因此，主持人应注意，在游戏结束后，要帮助完成效果不好的小组找出原因，帮助他们树立团队意识，引导他们总结自己的失误。

我没做过的事

游戏目的：

看看你的诚实度。

游戏准备：

人数：不限。

时间：不限。

场地：不限。

材料：白纸和笔。

游戏步骤：

1. 众人围坐，每人轮流说一件只有自己没做过，别人都做过的事情。例如：我从没放过女朋友"鸽子"。

2. 如果在场有人这么做过，就必须接受惩罚。

注意事项：

这个游戏，需要参与者100％的诚信。如果你恰巧知道某人一件不为人知的"丑事"，这个游戏就是当众"揭发"他的最好机会。

【游戏心理分析】

所谓真，便是真真切切做人，真心实意对人，真情真意留人。而所谓诚，便是诚实守信，诚恳真挚。真诚的人，人前人后一个样，少了掩饰多了自在；真诚的人，心存宽厚，面露和色，少了烦恼多了欢乐；真诚的人，话语中肯，将心比心，少了虚伪多了温情。本着你的真心，借着你的诚意，必能迎来完美的人缘。

听与说

游戏目的：

通过人们对生存意识的强烈需求看人性的弱点。

游戏准备：

人数：7人，选其中一人充当游戏组织者。

时间：不限。

场地：室内。

材料：无。

游戏步骤：

私人飞机坠落在荒岛上，只有6人存活。这时逃生工具只有一个只能容纳一人的橡皮气球吊篮，没有水和食物。

1. 由游戏组织者进行角色分配：

(1) 孕妇：怀胎8月。

(2) 发明家：正在研究新能源（可再生、无污染）汽车。

(3) 医学家：经年研究艾滋病的治疗方案，已取得突破性进展。

(4) 宇航员：即将远征火星，寻找适合人类居住的新星球。

(5) 生态学家：负责热带雨林抢救工作组。

(6) 流浪汉。

2. 针对由谁乘坐气球先行离岛的问题，各自陈诉理由。先复述前一人的理由再申述自己的理由。最后，由大家根据复述别人逃生理由的完整性与陈述自身理由的充分性，决定可先行离岛的人。

【游戏心理分析】

通过这个游戏可以看出人们的性格具有多重性。人们在濒临危险的时候，为了自保，往往会想出各种办法，甚至不惜牺牲他人的利益。这是人性的弱点——自私充分暴露出来。

在这个游戏中，理由最充分者才能首先离岛。理由越真诚，人们才会相信你，才会让你去寻求支援。

即时演讲

游戏准备：

让人们克服不自信的心理。

游戏准备：

人数：不限。

场地：室外。

时间：不限。

材料：写有各种不相关话题的纸条（可以是任意内容，如，足球、可乐、网络等）、透明的瓶子。

游戏步骤：

1. 主持人将准备好的纸条放入透明的瓶子内，面向参与者。

2. 每个参与者从瓶内抽取任意一个纸条，由主持人宣读内容后，参与者不允许有任何思考时间，就所抽内容进行 5 分钟的即时演讲。

3. 活动结束后，由主持人对所有参与者的演讲情况进行总结和打分，并现场评述。

【游戏心理分析】

此游戏既能锻炼人们的演讲与表达力，同时人们也可在演讲的过程中激发自信心。自信是一种"良性情感"。拥有自信心的人，做事情常常毫无畏惧，容易获得成功。而不自信是许多人的一个弱点，人们要学会克服这种心理，将自己的优势展示出来，从而增强自己的信心。

心理障碍

游戏目的：

检测人们有没有心理障碍。

游戏准备：

人数：不限。

时间：不限。

场地：室外。

材料：白纸和笔。

游戏步骤：

参与者每个人手中分发一张白纸，一支笔。根据提问者的问题，参与者在白纸上写下"是"或"否"来回答。最后根据自己的答案，算出得分，这样你可以找到适合你的答案。

1. 在面临课堂提问或考试时，你是否会紧张、害怕？

2. 和陌生人见面时是否会不知所措？

3. 工作时碰到陌生人，进度会不会受到妨碍？

4. 情绪紧张时是否会无法清晰地思考问题？

5. 是否因为紧张而做错事？

6. 别人交给你的任务，你是否会出差错？

7. 对于交往不深的人是否会莫名挂念？

8. 没有认识的人陪伴是否会紧张不安？

9. 作决定时是否会犹豫不决、瞻前顾后？

10. 你是否总想和别人聊天？

11. 别人是否认为你不够机敏？

12. 到别人家中做客，是否会感到不自在？

13. 和别人会面时，是否会感到孤单无助？

14. 遇到挫折后，是否会长时间心情不好？

15. 生活中是否常常流泪？

16. 面对困难时是否会灰心丧气？

17. 你是不是有悲观厌世的情绪？

18. 你曾感到还不如死了好吗？

19. 你是否总是愁眉苦脸？

20. 亲人中有悲观厌世的人吗？

21. 面临问题时是否不知道该怎么办？

22. 别人眼中的你是否有一点神经质？

23. 你是否被诊断有神经官能症？

24. 亲人中有人有严重的精神病史吗？

25. 是否曾在精神病院接受治疗？

26. 亲人中有人接受过心理方面的治疗吗？

27. 神经是否过分敏感？

28. 亲人中是否有过分敏感的人？

29. 你为人是不是比较冲动？

30. 被别人指责时是否会感到慌乱？

31. 别人是否认为你过于挑剔？

32. 是否经常和别人产生误会？

33. 是否心胸太过狭窄，即使对亲近的人也十分苛刻？

34. 是否固执己见，不愿听从别人的忠告？

35. 待人处世是否太急躁？

36. 平时做事是否拖拉，没有组织性？

37. 是否会为一点小事发脾气？

38. 别人批评你会让你大发脾气吗？

39. 事情不顺心时是否会生气？

40. 别人对自己有要求时是否会很没耐心？

41. 是否会暴跳如雷？

42. 是否有时会控制不住颤抖？

43. 是否容易神经紧张，无法安定下来？

44. 听到响声是否会受到惊吓，突然跳起？

45. 对别人做错事是否会烦心？

46. 夜晚睡梦中是否听到响声？

47. 做噩梦吗？

48. 是否经常想象可怕的场景？

49. 是否常常感到害怕，手心出汗？

50. 夜间会盗汗吗？

回答"是"得1分，"否"不得分。

15分以下：没有心理障碍，精神状态很好。

16~35分：心理、精神方面有一些问题，需要自己调节。

36~50分：有明显的心理障碍，心理和精神方面都有问题。

【游戏心理分析】

心理障碍是指一个人由于生理、心理或社会原因而导致的各种异常，也是在特定情况或者不良刺激下的一种情感异常。心理障碍不仅会使人感到痛苦并严重影响了人的社会适应性，为了克服心理障碍，要做到以下几点：

1. 要合理安排生活，培养多种兴趣

人在无所事事的时候常会胡思乱想，所以要合理地安排工作与生活。同时，要培养多种兴趣，让人生过得更有意义。

2. 适当变换环境

一个人在缺乏竞争的环境里容易滋生惰性，过于安逸的环境更易引发心理失衡。而在新的环境中，具有挑战性的工作，可激发人的潜能与活力，使自己始终保持健康向上的心理，避免心理失衡。

3. 要加强修养，遇事泰然处之

应当养成乐观、豁达的个性，平静地接受生理上出现的种种变化，并随之调整自己的生活和工作节奏，主动避免因生理变化而对心理造成的冲击。事实上，那些拥有宽广胸怀、遇事想得开的人是不会受到心理疾病困扰的。

4. 保持心态平和

面对大量的信息不要紧张不安、焦急烦躁、手足无措，要保持心态平和，冷静思考，提高应变能力。

虚荣心强

游戏目的：

帮你看清自己的虚荣心。

游戏准备：

人数：不限。

时间：不限。

场地：室外。

材料：游戏卡和笔。

游戏步骤：

在这个游戏中，参与者每个人手中会有一张游戏卡，根据游戏卡上面的问题，参与者用"是"或"否"来回答。然后根据自己的得分，看自己属于哪一个类型。

1. 你每天梳头超过三次吗？

2. 跟一个邋遢的朋友走在路上，你会觉得烦吗？

3. 每到一个地方，你都会照很多照片吗？

4. 度假回来时，你会向别人展示纪念品吗？

5. 你经常停留在商店橱窗前，悄悄欣赏自己的身影吗？

6. 你偏爱名牌手提箱吗？

7. 你定期花钱保养指甲吗？

8. 你曾经做过整形手术吗？

9. 你希望自己拥有一些头衔吗？

10. 你很注重穿衣打扮吗？

11. 你喜欢身上戴许多首饰吗？

12. 你时常会翻自己的相册吗？

13. 你有过整形的念头吗？

14. 你偏爱名牌衣服吗？

15. 你花在打扮和保养上的费用超过预算吗？

选择"是"计1分，选择"否"不计分。将各题得分相加，算出总分。

15～10分：无可否认，你是个虚荣心相当强的人。你对自己的外表非常在意，在他人面前，无时无刻不注意自己的仪容，因为你希望永远留给别人最佳的印象。

9～4分：你有点虚荣，还好，不算很严重，也许你只是比较在意自己的外表和给他人留下的印象，但你仍觉得人生还有别的事比外表更重要。

3～0分：你一点虚荣心都没有。即使有些虚荣心强的人会觉得你很邋遢，但是你一点也不在乎，宁愿把注意力放在重要的事情上，也不愿花许多时间和金钱在外表上。

【游戏心理分析】

虚荣心是指一个人借外在的、表面的或他人的荣光来弥补自己内在的、实质的不足，以赢得别人和社会的注意与尊重。它是一种很复杂的心理现象。虚荣心强的人喜欢在别人面前炫耀自己昔日的荣耀或今日的辉煌业绩，他们或夸夸其谈、肆意吹嘘，或哗众取宠、故弄玄虚，自己办不到的事偏说能办到，自己不懂的事偏要装懂。

如何克服虚荣心理呢？

1. 改变认知，认识到虚荣心带来的危害

虚荣的人外强中干，不敢袒露心扉，给自己带来沉重的心理负担。

2. 端正自己的人生观与价值观

自我价值的实现不能脱离社会现实的需要，必须把对自身价值的认识建立在社会责任感上，正确理解权力、地位、荣誉的内涵和人格自尊的真实意义。

3. 摆脱从众的心理困境

虚荣心正是从众行为的消极作用的恶化和扩展。我们要有清醒的头脑，从实际出发处理问题，摆脱从众心理的负面效应。

高度敏感

游戏目的：

了解自己的敏感度。

游戏准备：

人数：不限。
时间：不限。
场地：室外。
材料：游戏卡和笔。

游戏步骤：

参与者根据游戏卡上面的问题，用"是"、"否"或"两者之间"作答。

1. 你叙述了一件亲身经历的事给家人听，大家觉得有点难以置信，一笑了之。这时你会继续举出一系列的证据务必要大家相信那是真实的吗？

2. 你坐在客厅读报，忽然发现从窗户射进的一束光中无数小灰尘在上下飞舞，你是否马上感到呼吸有障碍，移到远离光束的地方？

3. 乘坐地铁时，与一个陌生人同座，你看到她用手背触了一下鼻尖，你会疑心她在嫌弃你的气味吗？

4. 一次你在街上碰到一位同事与人且谈且行，你隔着一段距离朝他热情地打招呼，他没有马上作出反应，你是不是会想"他为何这般当众羞辱于我，难道我得罪他了吗？可恶。"

5. 你是否宣称自己厌恶飞长流短的长舌妇，不久却从你那儿传播出关于某人的毫无根据的谣言呢？

6. 你是否为证明你的社会地位丝毫不差于人，而在服饰、娱乐等方面的花销超出自己的经济能力？

7. 你平生第一次堕入爱河，视情侣为心中神圣的偶像。有一天，忽然发现她竟作出十分庸俗的事，你会感到幻想的破灭，并决定抛弃恋人吗？

8. 哪怕与最好的朋友辩论时，你也始终认为自己是无疑的正确观点持有者，对方不过是"歪理也要缠三分"，是吗？

9. 你为别人提供服务或帮助，是否常常怨人家的酬谢菲薄？

10. 老同学聚在一起聊天，你发表了一番对当前国际形势的看法。一个与你深交的同学对你的宏论颇不以为然，随口说，这都是外行话。你当时不露声色，回去以后就决定与他断交，会这样吗？

11. 别人指出你处理事情不妥，你是否会找一串理由加以申辩？

12. 同事们议论一个不在场的熟人，你把你所了解的他的遭遇大加渲染了一番。但事后颇感有愧，于是再见到他时便着意表现你对他的好感，是这样吗？

13. 你的一位朋友平日与你过从甚密，但因意志薄弱，做了件对不起你的事。你是否会声色俱厉地指责他的过失，表现你的憎恶情绪？

14. 你是否喜欢向人不厌其烦地详细叙述你遭遇到的一件小事情？

答"是"得 10 分，答"否"得 0 分，"两者之间"得 5 分。据此为你自己打分，算出总分。

100 分以上，为过分敏感者。你神经异常敏锐，感受性又很强，他人的亲切和恩情，或外界的冷酷，都会在你心中烙下不可磨灭的印记；目睹黑暗与残酷，同等情况的你比别人受到的打击要强烈得多，你的反应也因此异乎寻常的激烈。你与人相处很辛苦，经常处于紧张的警戒中。

60～99 分之间，属敏感性中等者。比起"过敏"者，你受伤害的机会少多了，你的戒备心理也小多了，不过你仍高于一般人的敏感程度；你偶尔会有一点神经质。不要紧，学会漠视一些东西，情况会好起来。

59 分以下，是敏感程度较轻者。敏锐的感受力与你无缘，同时也替你屏蔽了世间的苦难与伤害，你比他人可能活得更幸福。

【游戏心理分析】

敏感是人们对外界的一种敏锐的反应心理。高度敏感的人有两个最主要的特点：一是容易兴奋，对刺激极为敏感，表现为多疑、敏感、固执、易激动、爱生气、脾气古怪；二是容易疲劳，特别是在看书、学习、写作等脑力劳动时更明显，表现为记忆力减退、头脑昏沉、注意力不集中，等等。为了消除这种敏感，建议你做好以下工作：

1. 学会强化自己

不要以别人的评价为转移，以别人的好恶为是非。如果别人以异样的眼光盯着你时，你不必局促不安，也不必神情窘迫，唯一的办法是——用你的眼波接住对方的眼波，久而久之，你就会发现自己就是自己，可以自如地生活在千万双眼睛织成的人生网格里。

2. 不计较小事

每天生活中、人际交往中的矛盾、冲撞，甚至冲突，都是无法避免的。不必被生活中的小事牵着鼻子走。

3. 认识自己，善待自己

要认识到自己不能代替别人，别人也不能代替自己；要有从大处着眼的胸怀，敢于公开自己的优缺点，而不尽力去掩遮一切；要有"走自己的路，让别人说去吧"的勇气。

4. 充实业余时间

参加集体活动或读点你自己感兴趣并有益的书籍。当有"敏感"干扰时，可进行自我暗示，转移注意力，如转移话题、有意避开现场等。另外，坚持体育锻炼，也有助于防止"心理过敏"的现象发生。

心胸

游戏目的：

检测自己是否心胸开阔。

游戏准备：

人数：不限。

时间：不限。

场地：室外。

材料：游戏卡和笔。

游戏步骤：

主持人事先准备了一些问题，参与者用"是"、"不知道或都有可能"或"否"来回答下面的问题。

1. 你做决定时是否经常会受当时情绪的影响？

2. 在与人争论时，你是否情绪失控，导致说话嗓门太大或太小？

3. 你是否经常不愿跟人说话？

4. 你是否时常因某些人或事而心情不快？

5. 你是否受过自卑心理的折磨？

6. 是不是连可口的饭菜或搞笑的影片都无法使你低落的情绪好起来？

7. 你是否会长时间地分析自己的心理感受和行为？

8. 假如地铁里有人盯着你，或袖子沾上汤汁，你是否因此长时间感到懊恼？

9. 假如与你谈话的那个人怎么也弄不明白你的意思，你会不会发火？

10. 你是否对所受的委屈一直耿耿于怀？

11. 你在做重要工作时，旁人的谈话或噪音是否会让你分心？

12. 你夜晚是否会被蚊虫折腾得心烦意乱？

13. 你是否时常情绪低落？

14. 你是否容易产生怒气？

回答"是"得 0 分；回答"不知道或都有可能"得 1 分；回答"否"得 2 分。最后统计你的得分，对照分数分析问题。

23～28 分：你一定是个心胸开阔的人。你的心理状态相当稳定，能够驾驭生活中的各种情况。你给人的印象很可能是独立、坚强，甚至还有点"脸皮厚"。但你不必在意，大家都羡慕你呢！

17～22 分：你心胸不够开阔。你可能比较容易发火，对使你受委屈的人说一些不该说的话，这会导致单位和家庭中出现矛盾。之后你可能又会后悔，因为你人不坏，心肠也不硬。你要学会控制自己，事先尽量多想想，考虑清楚，然后再对让你受委屈的人以坚决的回击。

0～16 分：你心胸狭窄、多疑、计较、睚眦必报，对别人态度的反应是病态的。这对你的生活不利，你需要尽快进行自我改善。

【游戏心理分析】

狭隘是心胸狭窄，气量小。狭隘心理是许多不良个性的根源，嫉妒、猜疑、孤僻、神经质等不良表现都源于狭隘心理。每个人难免都会有狭隘的心理，但是杰出的人往往能用理性去抑制这种不良的心理的。但是那些被狭隘心理迷乱理智的人，往往会作出极端的行为。如何才能做到心胸开阔呢？

1. **拓展心胸**

加强个人的思想品德修养，遇到有关个人得失、荣辱之事时，经常想想集体和他人，想想自己的目标和事业。

2. **充实知识**

人的气量与人的知识修养有密切的关系。一个人知识丰富了，视野也会相应开阔，此时也就会对一些"身外之物"拿得起、放得下了。

3. **缩小"自我"**

你一定要不断提醒自己，不要与人斤斤计较，不要以自我为中心。要尊重他人，这样才能赢得他人的尊重。

4. **走向自然**

当情绪低落时，你不要一个人闷在屋子里，而要亲近大自然，去欣赏自然中美好的风光，让自己恢复平静。

烦恼

游戏目的：

让人们认识到烦恼对生活带来的危害以及摆脱烦恼的重要性。

游戏准备：

人数：不限。

时间：不限。

场地：室外。

材料：游戏卡和笔。

游戏步骤：

参与者根据游戏卡上的问题，用"一直如此""经常如此""偶尔如此""很少如此"作答。

1. 没多喝水却总频繁去厕所。

2. 躺在床上总是翻来覆去睡不着。

3. 有时正在逛街时突然想扶着墙，觉得头昏，很累。

4. 有时坐电梯上楼，感到头疼、心跳加快。

5. 频繁叹气，并非心情不好，而是觉得缺氧、胸闷。

6. 晚上从不通宵，白天却一样呵欠连天，四肢无力。

7. 好不容易睡着了又被吓醒：该死的，又做噩梦！

8. 阳光明媚的清晨，你却觉得今天一定会倒霉。

9. 老板对你一笑，你回家后分析足足 1 小时，怀疑他别有用心。

10. 如果各种传媒大炒世界末日之际，你已经买好了救命用的各种储备。

11. 不常吃生猛海鲜，胃还是经常会痛，还会拉肚子。

12. 坐在办公室里觉得头痛、背也痛，好像刚刚赶完一段很长的路程。

13. 不愿与人打招，无精打采。

14. 季节没有到隆冬，你却时时感到四肢发抖、手指发颤。

15. 不常看恐怖片，但总觉得看见自己被人大卸八块，不过不痛。

16. 同事说他把刚发的工资弄丢了，你很担心他怀疑小偷是你。

17. 小学时你曾因同桌向你笑而眩晕过一次，现在却经常发生。

18. 似乎屁股上有刺，你总是坐不下来，心里一团糟。

19. 睡觉时总是觉得不舒服，床、被子、枕头都令人不舒服。

20. 并没有人向你暗送秋波，你却觉得双颊发烫，脸色发红。

答"一直如此"得 4 分，"经常如此"得 3 分，"偶尔如此"得 2 分，"很少如此"得 1 分。

低于 40 分说明你不是一个喜欢自寻烦恼的人，烦恼不可能长时间侵害你的心灵健康。

高于 40 分说明你对烦恼的承受力已经很有限了，试着放轻松些，多想想生活中令人开心的事情。

接近 80 分就应该引起足够的警惕，你已经处在崩溃的边缘，尝试做一些心理治疗。

【游戏心理分析】

生活中我们不乏会遇到各种烦恼，它让我们情绪低落对一切事情都提不起精神来，致使工作效率降低，身体也变得虚弱。那么，如何驱除烦恼呢？

1. 正视现实，因为回避问题只会加重自己的心理负担，最后使得情绪更为紧张。

2. 不必事事、时时进行自我责备。

3. 有委屈不妨向知心人诉说一番。

4. 少说"必须""一定"等"硬性词"。

5. 对一些琐细小事不计较。

6. 把挫折或失败当做人生经历中不可避免的有机组成部分。

7. 实施某一计划之前，最好事先就预想到可能会出现的坏结果。

8. 在已经十分忙碌的情况下，就不要再为那些不相关的事操心。

9. 常常欣赏喜剧，更应该学会说笑话。

10. 卧室里常常摆放鲜花。

11. 听最爱听的音乐。

12. 去公园或花园走走。

13. 回忆一生中最感幸福的经历。

14. 结伴郊游。

15. 参加一项感兴趣的体育运动。

16. 穿上喜欢的衣服。

17. 不时静思默想上几分钟。

18. 常常做深呼吸。

19. 常常拥抱亲人。

动机

游戏目的：

看看人们是否贪婪。

游戏准备：

人数：不限。

时间：10 分钟。

场地：教室。

材料：用于贴在椅子下面的几张一元的钞票。

游戏步骤：

1. 主持人对人们说："请举起你们的右手。"过一会儿，问他们："你们为什么举手？"

2. 得到 3~4 个答案后，说："请大家站起来，并把椅子举起来。"

3. 如果没人动，主持人继续说："如果我告诉你们，在椅子下有钞票，你们会不会站起来并举起椅子看看？"

4. 如果还是没人动，于是主持人说："好吧，我告诉你们，有几张椅子底下真的有钱。"（通常 2～3 个人会站起来，然后很快，所有人都会站起来。）于是，有人找到了纸币，叫着："这里有一张！"

【游戏心理分析】

动机，在心理学上一般被认为涉及行为的发端、方向、强度和持续性。动机为名词，在作为动词时则多称作"激励"。在组织行为学中，激励主要是指激发人的动机的心理过程。激发和鼓励，可以使人们产生一种内在驱动力，使之朝着所期望的目标前进。金钱是天使和魔鬼的结合体，它具有极强的诱惑力。它可以用来干好事，也可能滋生罪恶。有人说，金钱是"万恶之源"，会带来贪婪、欺骗，会蒙骗人的眼睛，甚至使至亲反目成仇。金钱在我们的生活中占据着重要地位，但金钱充其量是与我们密切相关的身外之物罢了，我们不应该对此过分贪恋。

沼泽地救儿童

游戏目的：

俗话说，两强相遇勇者胜。在寻求财富的路上，我们会遇到各种各样的困难，勇敢地面对苦难是一种做事的智慧。本游戏可以看出人们遇到困难时，是否够勇敢。

游戏准备：

人数：不限。
时间：30 分钟。
场地：空地。
材料：30 米长的绳子一条，20 米长的绳子两条，塑料娃娃一个，短竹竿两根。

游戏步骤：

1. 将人们分成若干组，10 人一组。将一个塑料娃娃放在地上，然后用一条长 30 米的绳子在娃娃的周围均匀地围成一个圈。

2. 主持人给参与者讲下面的故事：

（1）绳子围起的区域是一片沼泽地，这一天，一个孩子不小心陷到了沼泽地里出不来了，急需援救。

（2）你们现在就是特工人员，任务就是将孩子安全地救出沼泽地，不得有任何闪失。

（3）注意：圈内为沼泽，所有人都不可以进入圈内，只可以使用两条绳子和两根竹竿，不得用竹竿碰触孩子，以免弄伤孩子（小孩已处于昏迷状态）。

（4）全体队员必须在30分钟内将娃娃救出来。

相关讨论：

你们组可以想出多少个不同的方法将儿童救出来？为什么采用此方法？

你认为在全过程中，你们组的最佳表现是什么？团队的合作精神表现在什么地方？

你们的救援过程一共分为几步？每一个步骤还有什么地方可以改进？

【游戏心理分析】

勇敢是人们敢为人先的一种气质和精神。勇敢是一种自信品质，也是不退缩不逃避的一种心理状态。丘吉尔说："一个人绝对不可在遇到危险的威胁时，背过身去试图逃避。若这样做，只会使危险加倍。但是如果面对它毫不退缩，危险便会减半。绝不要逃避任何事物，绝不！"在这游戏中，为了营救沼泽地的儿童大家都表现出了勇敢的精神。在困难面前，我们要勇敢地面对，积极应对暴风雨的到来，相信风雨之后总能见彩虹。

野心

游戏目的：

让人们了解自己的野心。

游戏准备：

人数：不限。

时间：不限。

场地：室外。

材料：游戏卡和笔。

游戏步骤：

下面的游戏卡将让你了解自己的野心到底有多大。参与者根据自己的实际情况作答。每个题有三个选项：A．是；B．很难说；C．否。选择最适合你的一项。

1．积极参加有关的学习、训练，努力增强自己的竞争力。

2．经常在节假日工作。

3．认为自己是个对输赢很在意的人。

4．和自己资历相同的人却比自己成功，你对此感到愤怒。

5．认为人的野心越大，工作的动力就越大。

6．认为什么事都做不好的人没有出息。

7．经常想着尽快获得更高的职位、更大的成绩。

8．认为自己的业绩受到重视是非常重要的事。

9．出人头地比其他任何事情都重要。

10．如果你是参赛选手，绝不想参加拿不了名次的比赛。

11．只有在成绩优异时，你才对自己感到满意。

12．总想在团队中当领导者。

13．想比父母、家人更成功。

14．解决难题或获得成功后会有巨大的成就感。

15．总是不知疲倦地为实现自己的目标而奋斗。

16．始终有一个希望达到的目标。

17．是个很有野心的人。

18．喜欢拿自己的成绩和别人作比较。

19．很在乎自己是否受到批评。

20．日常游戏或比赛的乐趣在于获胜，否则就没有什么意思。

21．对自己的知识、能力和成绩总感到不满。

22．从事稳定但发展机遇小的工作，不如从事有冒险性但发展机遇大的职业。

23．如果你是董事长，会努力胜过公司所有员工。

24．恨不得一下子就拥有很多的成功。

25．渴望成为人群中最出色、最富有、最成功的人。

选A计2分，选B计1分，选C计0分，最后计总分。

一般来说，分越高，成就动机越强烈，野心也越大；反之，则越弱越小。

从下表中可以找到你所在的年龄段及相应的分数含义。

成就动机年龄段分布14～16岁、17～21岁、22～30岁、31岁以上，成就动机40～50分、35～50分、42～50分、35～39分，较强；36～39分、31～34分、32～41分、28～39分，一般；19～22分、14～21分、20～25分、

23~27分，较弱；0~18分、0~13分、0~19分、0~22分，很弱。

1. 成就动机较强

你有较大的野心，有所作为，与众不同，你的工作动机就是要取得成就。你很注重成绩，对自己的能力能有客观的评价。可以说，你是个很现实的人，通过分析自己所处的环境及自身的情况，会作出合理的安排。

2. 成就动机一般

你有一定的野心，但对此的态度比较随意，你不是为获得成就而工作，工作在你的生活中只占有部分的位置。你对自己有较为客观的评价，你的进取心一般，很可能你的主要兴趣不在工作上，也可能由于你经常碰壁，而使你失去了信心，或抑制了你的上进心。

3. 成就动机较弱

你的野心不大，你缺乏上进的目标和动力。你很满足于现状，缺乏竞争意识，这对工作会产生不利影响。一旦你对工作缺乏野心，就很难获得成功。

4. 很弱：几乎完全缺乏成就动机

你的野心很小，或者说没有。你缺乏获得好成绩的冲动和积极性，可能完全缺乏活力和上进心，对生活没有什么奢望和憧憬，也不想做太多的努力。

【游戏心理分析】

野心是一种对成就的渴求心理。野心是一种自我实现，自我实现的需要是最高层次的需要。它主要是针对个人理想、抱负而言。人们往往都在追求一种能让自身感到充足和满意的生活，所以更高层次的追求可以驱使人们不断进步。追求自我实现是人类动机的最高层次，是事业进步的不竭动力。

追求完美

游戏目的：

看看你是否是一个完美主义者。

游戏准备：

人数：不限。

时间：不限。

场地：室外。

材料：白纸和笔。

游戏步骤：

游戏开始前，主持人给每一个参与者发一张白纸，然后，主持人拿出事前准备好的问题提问，参与者可以用"是"或"否"来回答。

1. 是否只做有把握的事，尽量不碰不会或可能犯错的事？

2. 是否凡事都要争第一？

3. 是否做错了一件事就会闷闷不乐？

4. 是否很在意别人对你的看法？

5. 是否非得把自己打扮得美美的才会出门，即使快迟到了也毫不在意？

6. 是否常常处于神经紧绷的状态，即使在家里也一样？

7. 是否认为如果让别人发现你有缺点，他们一定会不喜欢你？

8. 如果事情未达到预期目标，你是否会一直耿耿于怀？

9. 当别人赞美你时，你是否觉得他们言不由衷？

10. 是否总希望能把事情做得十全十美？

如果以上10条中，有8条选"是"的话，你就是一个真正的完美主义者了。

【游戏心理分析】

完美主义是指对事物要求尽善尽美，愿意付出很大精力把它做到天衣无缝。完美主义并不是完全不好的，对于某些人和职业有时是很有必要的，比如音乐、美术、服装设计等。但是如果对周围的一切事物都追求尽善尽美的话，就脱离了现实，容易引发心理问题。

从心理学的角度来看，如果你每做一件事都要求务必完美无缺，便会因心理负担的增加而不快乐。心理学研究证明，试图达到完美境界的人获得成功的机会并不大。追求完美会给人带来焦虑、沮丧和压抑，事情刚开始，他们就担心失败，生怕干得不够漂亮而辗转不安，使他们无法全力以赴，也就难以取得成功。为了避免这种情况发生，我们应该这样做：

1. 放松对自己的要求

为自己确定一个短期的合理目标。目标订得太高，形同虚设；目标订得太低，轻轻松松就过关，自身的潜能受到抑制，不利于自己水平的提高。目标定位的原则是"跳一跳，够得着"，正因为目标合理，每次总能接近或超过目标，这样，才能培养成就感和自信心，在以后的学习和工作中也才会取得优异的成绩。

2. 宽以待人

完美主义者是仔细周到的人，但是要小心，不要总是指出别人的错误，让别人反感和紧张，也不要因为做事不合自己的要求就牢骚满腹，尤其是对孩子。

3. 学会接受不完美的现实

没有十全十美的人，没有十全十美的事物，这是客观事实，不要逃避，也不要苛求。

强迫症倾向

游戏目的：

检测人们是否有强迫症。

游戏准备：

人数：不限。
时间：不限。
场地：室外。
材料：白纸和笔。

游戏步骤：

游戏之前，参与者每个人可以拿到一张白纸，在参与者之中推举一名主持人，主持人拿着准备好的问题，参与者根据主持人的提示在白纸上用"是"或"否"来回答下面的测试题。

1. 一些不愉快的想法常违背我的意愿进入我的头脑，使我不能摆脱。
2. 当我看到刀、匕首和其他尖锐物品时，会感到心烦意乱。
3. 听到自杀、犯罪或生病的事，我会心烦意乱很长时间，很难不去想它。
4. 我经常反复洗手而且洗手的时间很长，超过正常所需。
5. 在某些场合，我很害怕失去控制，作出令人尴尬的事。
6. 有时我毫无原因地产生想要破坏某些物品或伤害他人的冲动。
7. 我觉得自己穿衣、脱衣、清洗、走路时要遵循特殊的顺序。
8. 我经常迟到，因为我花了很多时间重复做某些不必要的事情。
9. 我不得不反复好几次做某些事情，直到我认为自己已经做好了为止。

10. 我常常设想自己粗心大意或是细小的差错会引起灾难性的后果。

11. 我有时不得不毫无理由地重复相同的内容、句子或数字好几次。

12. 在某些场合，即使我生病了，也想大吃一顿。

13. 我对自己做的大多数事情产生怀疑。

14. 我时常无原因地计数。

15. 我常常没有必要地检查门窗、煤气、钱物、文件、信件等。

16. 我为要完全记住一些不重要的事情而困扰。

17. 我时常无原因地担心自己患了某种疾病。

回答"是"得1分，回答"否"得0分，然后计算总分。

0～4分：你丝毫没有强迫症的症状。

5～10分：有强迫症的可能性不大，但也要注意调整自己的情绪，减轻压力。

11～15分：疑似强迫症，需要引起高度注意，要放松自己，减轻压力。

15分以上：可能患有强迫症。

【游戏心理分析】

　　强迫症是以反复出现强迫观念和强迫动作为基本特征的一种神经症障碍。患者体验到冲动和观念来自于自我，意识到强迫症状是异常的，但又无法摆脱。强迫症是神经症的一种特殊类型，表现形式多样，给患者带来许多痛苦，干扰和破坏了其日常生活。

争夺奖金

游戏目的：

　　提高人们的竞争意识。

游戏准备：

　　人数：不限。

　　时间：5分钟。

　　场地：不限。

　　材料：事先列好选项，准备好题板纸，面值10元的人民币。

游戏步骤：

1. 主持人选出一些曾经向参与者讲授过的知识，比如一个新市场的开拓，或者一种新的销售理念等。

2. 对每个问题想出一些正确选项和错误选项，把它们混在一起，写在一个大的题板纸上，不要让参与者看到题目。

3. 将参与者分成3~5人一组，让他们来分别答题，要求他们在正确的选项前画√。

4. 3分钟后停止游戏，各组参与者回到座位上。

5. 把题目公布出来，让大家指出答案中的错误。

6. 每挑出一个真正的错误，可加1分，获胜的小组可以得到10元钱奖励。

相关讨论：

你们组的"战绩"如何？

加入物质奖励是否对提高你们参加游戏的积极性有帮助？为什么？

【游戏心理分析】

竞争意识是个人或者团体力求压倒或者胜过对方的一种心理状态。一个人竞争力的大小必须通过竞争突出出来。竞争能使人精神振奋、努力进取，促进事业的发展。这个游戏可以激发人们的竞争意识，提高人们做事的积极性。

奖励的妙处

游戏目的：

这是一个激励人们努力思考、不断进取的游戏。

游戏准备：

人数：不限。

时间：3分钟。

场地：不限。

材料：事先准备好的强化刺激奖品。

游戏步骤：

1. 准备一些参与者感兴趣或想得到的奖品。

2. 向他们说明游戏的奖励机制，告诉参与者他们是可以获得这些奖励的，只要他们作出积极的举动。

3. 在奖品上贴上速贴标签，上面写着"成功来自于能够，而不是不能"，参与者大喊这一口号。当看到自己的行为被大家认可并因此得到奖励时，他们会喜欢上这个游戏，并作出相应的反应。

4. 任何时候，只要有人提出了一个深刻的见解或者用一句幽默的话语打破了房间的沉闷气氛，就奖励此人一件奖品，这会促使其他人也加倍努力去赢得他们想要的奖品。

如果主持人想鼓励参与者继续有益的想法或行为，有效的方法是用正强化法对他们给予鼓励。有时你会发现得到奖励的参与者会表现得更加积极，会有更好的想法。主持人应该及时地对参与者的积极表现给予正面肯定，发奖品时也必须准确、慷慨，否则会打击游戏参与者的积极性，并怀疑主持人的信用。这种方法运用到工作中也是非常有效的。

相关讨论：

为什么人们会积极参与这个游戏？你认为其中的奥妙在哪里？

如果主持人有一次扣发了奖品，参与者的反应会怎样？会出现什么后果？

如果主持人选择了错误的奖品，参与者的反应会怎样？会出现什么后果？

你认为正强化还有什么其他用途吗？

【游戏心理分析】

"正强化"是指对人或动物的某种行为给予肯定或奖励，从而使这种行为得以巩固和持续。这种理论认为，如果某一行为获得正面激励，这一行为以后再现的频率会增加。

希望好的情况会继续出现时，可以采用鼓励的方式，这一点无论在工作中还是在教学中，都是非常有用的。本游戏采取正强化的方式，鼓励游戏参与者保持好的状态并继续发挥这种状态。

【心理密码解读】

合理表达，不做人格的"攻击手"

攻击型人格障碍又称为暴发型或冲动型人格障碍，是一种以行为和情绪具有明显冲动性为主要特征的人格障碍。攻击型人格障碍者情绪高度不稳定，对事物往往作出爆发性反应，极易产生兴奋的冲动，行为爆发时不可遏制。这类人心境反复无常，办事处世鲁莽，缺乏自制自控能力，易与他人冲突和争吵，稍有不合便大打出手，不计后果。具有攻击型人格障碍的人心理发育不成熟，判断分析能力差，容易被人调唆怂恿，对他人和社会表现出敌意、攻击和破坏行为；不能维持任何没有即刻奖励的行为，经常变换职业，多酗酒。

一些生理学家提出，小脑成熟延迟，传递快感的神经道路发育受阻，因而难于感受和体验愉快与安全，可能是攻击行为发生的因素。另外，个人对于自我角色的认同与攻击性有很大的相关性。进入青春期的男孩，特别热衷于男子汉角色的认同和片面理解，强调男子汉的刚毅、果断、义气、力量、善攻击等特征。因此，他们会在同龄人面前，特别是有异性在场时表现出较强的攻击性，以证明自己是一个男子汉。

每个人都可能因自己的身体状况、家庭出身、生活条件、工作性质等产生自卑心理，有自卑心理的人常寻求自卑的补偿方式。当以冲动、好斗作为补偿的方式时，其行为就表现出较强的攻击性。另外，青年男子的自尊心特别强，如果经受挫折，往往反应特别敏感、强烈。带有武打、凶杀等暴力内容的小说和影视剧也使得缺乏分析能力的青年人容易产生认同感和模仿行为。

攻击性还与家庭教育有较大关系。被父母溺爱的孩子往往个人意识太强，受到限制就容易采取暴力行为发表不满。在专制型的家庭，或者家长有暴力行为，孩子很容易会模仿家长的攻击行为。

对攻击型人格障碍的调适和治疗，可以从以下几个方面着手：

学习青春期有关生理、心理方面的知识，正确认识自己生理的变化和心理的变化。进入青春期的男孩不能仅仅停留在对自己身体的某些外部特征和外部行为表现的认识上，还应当经常反躬自问和独立反省，完善自我，把精力用到学习上去。

开展多种形式的业余文艺、体育活动，让多余的精力得以正常的释放。另外，培养各种爱好和兴趣，陶冶情操，从而健康成长。

与长辈或可信赖的人交流，正确对待挫折。人生在世会有这样或那样的挫折，要正视挫折，找到原因并加以分析，而不是一遇挫折就采取攻击行为。

第二章　博弈中的最佳策略

开启管理理念

游戏目的：

加深人们对各种管理概念的理解和应用。

游戏准备：

人数：不限。

时间：30分钟。

场地：室内。

材料：塑料袋、相机、尺子、地图、风油精等日常用品。

游戏步骤：

1. 主持人准备一个黑色的塑胶袋，袋中放一些物品，例如，相机、尺子、地图、风油精等。

2. 让大家分别从袋子中摸出一件东西，然后发挥想象说出这件东西可以反映出什么样的管理观念。可以一起讨论，互相启发。

【游戏心理分析】

管理是组织中维持集体协作行为延续发展的有意识的协调行为。管理者在一定的环境条件下，对组织所拥有的资源进行计划、组织、领导、控制和协调，以有效地实现组织目标的过程。管理不仅是一种理念，也是实现企业的使命和宗旨。通过协调和组织，科学地安排工作，能够使工作有条不紊地进行。

和谐的鼓手

游戏目的：

1. 让人们领会信任的重要性。
2. 让人们体会个人职责与团队表现之间的关系。
3. 培养、加强团队成员之间协作的技巧。

游戏准备：

人数：不限。
时间：30 分钟。
场地：不限。
材料：每个成员 1 个鼓、2 个小木锤。

游戏步骤：

1. 将人们分成若干个组，6 人一组。
2. 要求每个小组即兴创作出自己的鼓乐。
3. 小组成员轮流演奏，然后小组合作进行合奏。
4. 反复练习，直到合奏的乐曲和谐动听为止。

【游戏心理分析】

合作伙伴就得统一战线，齐心协力才能打败对手。如果合伙人之间矛盾重重，各怀鬼胎，不能坦诚相见，必然会使事业停滞不前，直至走向破产。这就好比在风雨中行驶的小船，如果船员之间缺乏应有的配合，必然逃脱不了船倾人亡的命运。

互不信任的团队，是无法形成强大的向心力和凝聚力的，在竞争中，他们很容易被对手击败。互相信任是双方成功合伙的基础条件，我们一定要学会信任对方。

民俗战略

游戏目的：

使人们体验如何在不同风俗背景下制定相应的营销策略。

游戏准备：

人数：不限。

时间：30分钟。

场地：教室。

材料：无。

游戏步骤：

1. 让人们展开自由讨论，询问各自家乡有什么民俗或禁忌。

2. 主持人选几种商品，让人们制定适合当地风俗的营销策略。

【游戏心理分析】

现代营销之父菲利浦·科特勒说过："营销是一门艺术。"针对不同的地域，要采用不同的营销方法。在推销的过程中，我们要对不同地域的人的消费心理进行研究，这样才能更好地将商品推销出去。

马亚克斯公司

游戏目的：

1. 了解协作的重要性。

2. 建立服务伙伴的内部顾客观念。

游戏准备：

人数：不限。

时间：45分钟。

场地：室内。

材料：角色说明书（见附件）。

游戏步骤：

1. 将所有人按照部门分成若干小组。

2. 分组后马亚克斯公司正式开始运营。

3. 按照角色说明书投入销售、生产、质检等阶段。

4. 计算马亚克斯公司的经营状况。

5. 核算赢利状况。

6. 进行部门相互评分。

7. 各角色行为守则。

(1) 除了运送产品到下一个部门外，所有的员工必须留在自己的部门。

(2) 如要去其他的部门，必须得到总经理的批准。

(3) 如有工作上的需要，主管可以去其他部门。

(4) 只有销售部及储运部可以接触顾客。

(5) 若没有得到公司总经理的邀请，顾客不可以进入公司范围。

(6) 总经理有权去任何部门及接触顾客。

附件

角色说明书

1. 生产部

(1) 生产部角色

根据销售部所下的订单生产飞机，并将飞机交给 QA/QC 做飞行测试。如果飞机不能通过 QA/QC 的测试，QA/QC 可以通知生产部追补生产。除了主管以外，其他人员不能去别的部门。

(2) 任务

飞机类型：A 型飞机、B 型飞机。

颜色类型：绿色、红色、白色。

飞机要求：一种是尖头、一种是平头。

原料成本：每张 A4 纸 4 元，一张纸可生产 2 架飞机。

2. 销售部

(1) 销售部角色

明确顾客的订单要求，并完成顾客的需求和解决顾客的投诉。

(2) 任务

根据顾客的订单填写销售订单。

将订单交给生产部及储运部。

销售部的总销售目标是 60 架。

3. 总经理

(1) 总经理角色

确保公司的有效运作。

如有需要，你可以在任何时间和你的主管及公司的所有成员开会，你可以去任何部门及调动人员。

你有权布置工作给所有的人员。

核算赢利状况。

（2）销售价格

A 型飞机：10 元/架。

B 型飞机：12 元/架。

原料成本：每张纸 4 元，一张纸生产 2 架飞机。

4. 储运部

（1）储运部角色

接受 QA/QC 所审核合格的飞机，然后根据销售部的订单把飞机送给顾客。

（2）任务

根据销售部的订单，把已通过测试的飞机送给顾客。

顾客收货后要在送货单上签名。

把已签名的送货单交给销售部。

如送货途中把飞机掉在地上，飞机就是不合格的产品，不能交给顾客。

如果顾客拒绝接受产品，你需要通知销售部。

退货的飞机，如果质量许可，你可以把它拿去满足其他顾客的订单。

除了主管以外，其他人员不能去别的部门。

5. QA/QC

（1）QA/QC 角色

测试飞机的性能并帮助飞机飞过指定的距离。

（2）任务

你先从生产部得到飞机。

你需要把飞机成功地从"起飞点"飞到"降落点"，并由另外一位测试员接住才算合格。

飞机落在地上便算不合格，作为废品，不可重新使用。

测试员不能进入或越过"降落点"去抓取飞机。

飞机要经过测试合格才可以交给储运部。

飞机如不能通过测试，主管要通知生产部追补生产。

除主管外，其他人员不能去别的部门。

6. 顾客

（1）顾客角色

你将扮演一位顾客，你的主要任务就是从长城通信设备公司的销售部订两种不同机型的通信飞机。

（2）任务

你先向销售部订购 10 架飞机（订单 1 和订单 2，但是你不必在同一时间给出订单）。

如果你满意他们的服务和飞机的质量，你可以继续下订单。不过，你必须在收到订单 1 或订单 2 的货物后，才能继续下订单。你的总需求最多是 30 架飞机。

在游戏完成后，你需要对这个公司的运作进行评估（0——极不满意；10——非常满意）：

项目打分（0～10）

质量：

与订单的一致性：

仔细、快速的任务：

【游戏心理分析】

只要善于协作，彼此都可以得到利益，缔造一个"双赢"的局面。许多人虽然有心协作，但无法准确地掌握协作的范围。大体而言，以下这些工作可以考虑分配给下属去做：

必须是赋予一件完整的工作，而且有明确的责任归属。如果只是要他们来"蹚一脚"，对提升他们的成就感将毫无好处。

只需关起门来思考就可以自行决定的单纯事务，而且有一套明确的判断标准可循，不致因个人主观因素而产生失误。

可以提高下属办事能力的，比如提出未来发展计划的建议。

理解你的顾客

游戏目的：

帮助销售人员准确地理解顾客的需求和期望。

游戏准备：

　　人数：不限。

　　时间：不限。

　　场地：会议室。

　　材料：白纸、理解力资料（见附件）。

游戏步骤：

　　1. 主持人请人们浏览一下资料。

　　2. 让参与者充当"销售人员"。主持人分发一张白纸，告诉他们你将会朗读一些"顾客"的陈述语言，他们所要做的就是将他们所听到的关键词记下，然后根据资料上的四个步骤，利用这些关键词帮助他们理解那些陈述语言。

　　3. 主持人朗读下面的语句：

　　（1）我将会在 6 月 10 日带一个团到动物园去。团里将有 20 个孩子，4 个 18 岁以上的成年人和 4 个老年人。请问你是根据老年人的人数给出折扣，还是给我们团队折扣呢？

　　（2）我想买台电脑送给我的女儿，她今年 12 岁，我希望能在电脑中装上适合她的所有软件，但我不知道到底有哪些。而且我也不太清楚我应该花多少钱、买什么品牌的。我的钱也不是很多，但我希望电脑对她来说是很有用的。

　　（3）它们是绿色、红色和蓝色的？好的。我要 24 个，每种要一打。

　　（4）在过去的几年中，我在你们银行有一个支票账户和一个存储账户。现在我刚刚 55 岁，我想知道我是成为 VIP 用户好呢，还是保持普通用户就好。事实上，我的妻子说我们的经济状况还不错，每个月我们也不需要签很多的支票。

附件

确认你理解

第一步，使用下面的短语。

请让我确定一下……

我想确定一下你的要求是不是……

所以你需要……

我想确认一下……

第二步，概述主要事实。

你是想知道底层的座位还有没有空的。

你更加关心价格问题。

第三步，问问你的理解是否正确。

我的理解对吗？

是那样的吗？

我没说错吧？

对吗？

是吗？

第四步，澄清误会（如果需要的话）。

【游戏心理分析】

销售人员应根据顾客的购买心理，从顾客角度出发，引导其作出购买决定。我们可以从以下几点着手：

第一，要能够平等待人，不要有等级观念。

第二，要学会对对方感兴趣。

第三，要宽容。

第四，要善于尊重和理解对方。

购物券

游戏目的：

教会人们认识到激励的重要性。

游戏准备：

人数：不限。

时间：20 分钟。

场地：不限。

材料：玩具钞票、奖品清单。

游戏步骤：

1. 发给大家一些可以当做货币用的东西，比如玩具钞票，或者扑克牌之类的。不过事前要规定不同颜色或花色的筹码代表的价值。

2. 主持人列出一些对参与者有吸引力的奖品，比如免费的午餐券、一个印有公司标志的咖啡杯、一本人们都喜欢读的书、与董事长一起午餐的机会，等等。

3. 告诉大家得到这些奖品的条件。你希望他们能够积极参与。

4. 如果有参与者按照你的要求做了，就把玩具钞票奖给他们。

5. 等大家都熟悉这种游戏模式后，你可以通过追加奖品进一步鼓励大家参与。

【游戏心理分析】

在商业活动中，领导者需要时刻谨记适时地给员工一些激励，哪怕是一个小小的手势或动作，也可以是一件小礼物，你会发现，员工会因为你的一个小的赞许或奖励而更加努力工作。其实，他们并不是看重这点东西，而是因为受到肯定让他们认识到自己的价值。优秀的管理者善于激励每一个员工，让他们更积极地为自己的团队创造更多的价值。

面对危险

游戏目的：

让人们在游戏中深刻认识到协调和配合的重要性。

游戏准备：

人数：不限。

时间：10～20分钟。

场地：不限。

材料：4根足够长的木条，边上钻几个小洞，洞宽约20厘米，用以固定木条的钉子或螺杆。

游戏步骤：

1. 游戏开始，大家站在安全区外，这时向大家说明：由于出现了安全事故，请各位成员进入安全区，以防不测。

2. 所有成员进入木条围成的安全区内（很容易进入），然后再出来。

3. 把木条围成的区域缩小一些（向里移一个洞）。

4. 同样要求所有成员进入安全区，然后再出来。

5. 再缩小安全区（再移一个洞）。

6. 重复前面的游戏，直到大家必须挤着进去，并需互相扶持方可结束此游戏。

做这个游戏的时候，大家在进入木条围成的安全区出来的时候不能碰木条，否则视为游戏失败。

相关讨论：

从这个游戏中你明白了什么道理？

缺少配合和协调能把工作干好吗？为什么？

【游戏心理分析】

要想在这个游戏中获胜，需要大家共同努力以走出困境。一个优秀的人必须具备能够接纳不同的意见的素质，虚心听取不同的声音，这样才能确保自己作出科学正确的决策。

社会适应能力

游戏目的：

通过这个游戏看看人们的社会适应能力。

游戏准备：

人数：不限。

时间：不限。

场地：室外。

材料：游戏卡和笔。

游戏步骤：

这个游戏由20道题组成，在游戏卡上每题有5个备选答案，每题只能选一个答案。参与者在游戏卡上画出自己的选择，最后根据自己的选择算出自己的得分。

A——与自己的情况完全相符。

B——与自己的情况基本相符。

C——难以回答。

D——不太符合自己的情况。

E——完全不符合自己的情况。

1. 在许多不认识的人面前公开出现，我总是感到脸红、心跳。

2. 能和大家相处融洽对我是很重要的，为此我经常放弃真实的想法，以便与多数人保持一致。

3. 只要检查身体，我的心脏总是跳得很快，可我在日常生活中并不总是这样。

4. 哪怕是在很热闹的大街上，我也能全神贯注地看书、学习。

5. 参加某些竞赛活动时，周围的人越热情我就越紧张。

6. 越是重大考试成绩越好，比如升学考试成绩就比平时高许多。

7. 如果让我在没别人打扰的空房子里进行一项很重要的工作，那我的工作效率一定很高。

8. 不管面临多么紧张的情形，我都能自如应对。

9. 哪怕是已经倒背如流的公式，老师提问时也会忘掉。

10. 在大会发言时，我总会赢得最多的掌声。

11. 在与他人讨论问题时，我经常不能及时找到反击的语言。

12. 我很愿意和刚见面的人很随意地聊天、说笑。

13. 如果家中来了客人，只要不是找我的，我总是想法避开，不与之打招呼。

14. 即使在深夜，我也从不怕一个人走山路。

15. 我一直喜欢独立完成工作任务，不愿与人合作。

16. 我可以没有任何不满和抱怨地通宵工作，只要有这种安排。

17. 我对季节变化比较敏感，总是冬怕冷夏怕热。

18. 在任何公开发言的场合，我都能很好地发挥。

19. 每当生活环境发生变化，我总是感到身体不适，如发热、咳嗽等。

20. 到一个新的环境工作时，周围再大的变化对我都不会产生影响。

题号为单数的题目计分方法为：A计1分，B计2分，C计3分，D计4分，E计5分。

题号为双数的题目计分方法为：A计5分，B计4分，C计3分，D计2分，E计1分。

将各项得分相加，即为该测试的总得分。

20～51 分：你的社会适应能力很差，不太适应现在的生活节奏和周围环境的变化。对于改变，你总是充满恐慌，缺乏主动适应环境的积极性。

52～68 分：你的适应能力一般，还有待提高。你完全有能力以更高的热情、更积极的态度主动适应身边的人和事。

69～100 分：你有很强的适应能力，无论环境如何变化，你都能应对自如。

【游戏心理分析】

社会适应是指个体逐步接受现实社会的生活方式、道德规范和行为准则的过程。它对个体生活具有重要意义。社会适应能力主要由社会认知、社会态度、社会动机、社会情感、社会交往能力等构成。社会适应能力具体包括以下几种能力：

1. 说话的能力

说话，是体现个人能力的重要手段。话说得好能给人留下良好的印象，为自己的就业提供更多的途径和更好的保障。

2. 人际交往的能力

有些人以自我为中心，在与他人交往时，往往"严以律他人，宽以待自己"，此举极其不妥。良好的人际交往能力，可反映出你的文明礼貌程度及综合素质高低。

3. 适应环境的能力

在学校里，对环境的适应能力直接影响其学习成绩的好坏，而在职业生涯中则直接影响工作的业绩、收入的多少，等等。

4. 自我调控的能力

能正确认识自己，有自我约束力。要学会自我教育、自我管理、自我调控的本事。

5. 协调合作的能力

良好的竞争需要合作，合作是为了营造更健康的竞争。为此，必须具有协调合作能力。

6. 终身学习的能力

现代社会，日新月异，而要跟上社会的发展，就要树立终身学习的理念。只有不断地学习，不断地充电，才能适应日益激烈的竞争环境，才能更好地做好本职工作。

抢珍珠拔河赛

游戏目的：

通过游戏正确理解竞争的含义。

游戏准备：

　人数：不限。
　时间：不限。
　场地：室外。
　材料：绳子、"珍珠"（用皮球或沙包代替）。

游戏步骤：

　1. 让参加游戏的人组成两个队。通常的拔河比赛两队都是面对面站立、使劲。现在反着做：两队人员背对着背地站立、使劲。

　2. 在两队最外围的人前面各放一枚"珍珠"。发令后，双方都使劲往自己方向拔河，最外围的队员要争取拿到"珍珠"。

　3. 哪个队最外围的那个队员首先抢到"珍珠"，这个队则胜。输的队要表演节目。

【游戏心理分析】

　竞争是指个人或团体，为达到某种目标而跟别人争胜。面对竞争，面对压力，有人选择了逃避，结果与成功无缘；而有人选择了面对和征服，结果打开了成功之门。越是逃避越是躲不开失败的命运，越是敢于迎头而上，越能够品尝成功的甘甜。因此，我们应该积极主动地迎接挑战，在竞争中不断成长。

行动力

游戏目的：

让人们体会到协调彼此意见的重要性。

游戏准备：

　人数：不限。

时间：大约 10 分钟。

场地：不限。

材料：接力棒。

游戏步骤：

1. 主持人将人们分成若干组，每组 5～7 人左右。发给每组一个接力棒，这个接力棒只能在本组组员之间传递。

2. 每个组员应该至少接到接力棒一次，并且要保证接力棒最终传到发棒者手中。

3. 在最短时间内完成传递的小组获胜。

【游戏心理分析】

合作能为博弈双方带来正和结局。但是博弈之初，很多人因暂时看不到合作能给自己带来的利益而拒绝合作。此时，如果直接劝服他人与自己合作，或参与到某件事中来，往往容易遭到拒绝，且没有回旋余地。在合作前，我们应诱导对方先做些尝试，激起对方的兴趣与渴望，就较容易成功地说服对方与自己合作了。

【心理密码解读】

博弈中的危机意识

当一个人面临巨大的压力、非常的变故和重大的责任时，那些潜伏在他生命深处的种种能力，也会得以突然涌现，并促使他能够以非凡的意志做成平时不能做的大事。

外界的刺激和压力并不可怕，相反，它能激起我们的某种潜能；与其在平庸中浑浑噩噩地生活，还不如勇敢地承受外界的压力，过一种更有创造力的生活。

并不是每个人都能经受得起特殊的缺陷和刺激，所以，这个世界上能真正发现"自我"，将人格的力量发挥到极致的人并不多见。许多人即使连做梦也没有想到自己的身体里也蕴藏着巨大的能量，到头来，这种本应得到爆发的能量也只有随着他们的躯体一同从世界上消失。而对另一部分人来说，危机却恰恰是一种契机，正是经由这些危机，他们发现了自己真正的价值所在，激发出深藏于内心的巨大力量。

第六篇

不可不懂的交际艺术
——社交心理游戏

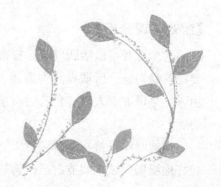

第一章　你的交际能力如何

串名字

游戏目的：

通过自我介绍，相互认识了解。

游戏准备：

人数：不限。

时间：不限。

场地：不限。

材料：无。

游戏步骤：

1. 参与者围成一圈，任意提名一位参与者介绍自己的单位、姓名。

2. 第二名参与者接着自我介绍，但是要说：我是＊＊＊（第一位参与者的单位、名字）后面的＊＊＊（自己的单位、姓名），第三名人们说：我是＊＊＊后面的＊＊＊的后面的＊＊＊，依次介绍下去……，最后自我介绍的人要将前面所有人的单位、姓名复述一遍。

【游戏心理分析】

这个游戏可以活跃气氛，打破僵局，加速彼此的了解。人与人之间最需要的就是沟通。所谓提高沟通能力，无非是两方面：一是提高理解别人的能力，二是增加别人理解自己的可能性。那么究竟怎样才能提高自己的沟通能力呢？

沟通时应保持高度的注意力，这样有助于了解对方的心理状态，并能够较好地根据反馈来调节自己的沟通方式。没有人喜欢自己的谈话对象总是左顾右盼、心不在焉。

在表达自己的意图时，一定要注意使自己被人充分理解。沟通时的言语、动作等信息如果不充分，就不能明确地表达自己的意思；如果信息过多，出现冗余，也会引起信息接受方的不舒服。

最常见的例子就是，你一不小心踩了别人的脚，那么一句"对不起"就足以表达你的歉意。如果你还继续说："我实在不是有意的，别人挤了我一下，我就站不稳了……"这样反倒令人反感。

有趣的活动告示牌

游戏目的：

用一种新方法促使人们团结在一起，让人们学会与他人一起分享重要信息。

游戏准备：

人数：不限。

时间：5～10分钟。

场地：不限。

材料：一个上面写有问题的挂图，每人发一张纸和一支粗头墨水笔、透明胶带。

游戏步骤：

1. 问两三个关于个人的问题，把问题挂图展示给大家看。问题举例如下：

（1）你最爱吃什么？

（2）你的宠物什么时候最惹人生气？

（3）你近期读过的最好的书是什么？

（4）你一直喜爱的影片是什么？

2. 给每位发一张纸和一支粗头墨水笔，请他们把自己的姓名写在纸的顶端，然后写出其中两三道问题的答案。

3. 现在请参与者用透明胶带相互帮助把答案纸贴在肩头。

4. 请参与者全体起立，在房间内自由走动，弄清楚谁是谁。鼓励他们进一步探讨别人写下的答案。

【游戏心理分析】

在我们的生活环境中，建立良好的人际关系，得到大家的尊重，无疑对自己的生存和发展有着极大的帮助。而且愉快的氛围，可以使我们忘记生活的单调和疲倦，使我们对生活充满希望。如何营造出好的氛围呢？我们不妨从以下几个方面入手：

1. **直接说出自己的意思而不在背后议论**

在生活中，每个人考虑问题的角度和处理的方式难免有差异，因此对他人的一些决定难免有看法，有意见，甚至变为满腹的牢骚。在这种情况下，切不可到处宣泄，否则经过几个人的传话，即使你说的是事实也会变调变味，待他人听到了，便成了让他生气和难堪的话了，他人难免会对你产生不好的看法。所以最好的方法就是在恰当的时候直接向其表示你自己的意见，当然最好要根据人们的性格和脾气用其能接受的语言表述，这样效果会更好些。

2. **多一些谦让，多一些回报**

有一些人与他人的关系不好，是因为过于计较自己的利益，老是争种种的"好处"，时间长了难免引起人们的反感，无法得到大家的尊重，而且他们总在有意或无意之中伤害了他人，最后使自己变得孤立。事实上，这些东西未必能带给你多少好处，反而会弄得自己身心疲惫，破坏了你的人际关系，可谓是得不偿失。对那些细小的、不大影响自己前程的好处，多一些谦让，你将会获得更多的"回报"。

3. **让乐观和幽默为你赢得"被爱"**

如果我们从事的是单调乏味或是较为艰苦的事情，千万不要让自己变得灰心丧气，更不可与其他同事在一起唉声叹气，要保持乐观的心境，让自己变得幽默起来。因为乐观和幽默可以消除彼此之间的敌意，更能营造一种亲近的人际氛围，从而让他人"爱"上你。

信任空中飞人

游戏目的：

帮助人们建立信任感，并感受这种信任给人们带来的好处。

游戏准备：

人数：不限。

时间：15 分钟。

场地：空地及 1.5 米高的墙。

材料：无。

游戏步骤：

1. 首先将人们分成若干组，每组 10 人，让全组人员面对面站成两排。

2. 让准备做空中飞人的队员站在墙上，背向队友。

3. 当主持人确认团队队员们都站好位置，并做好接住的准备时，让站在墙上的队员从空中落下。

【游戏心理分析】

在生活中，我们每天都需要与人进行交流，掌握一定的交际心理，你就可以在芸芸众生中脱颖而出，成为人际交往中的焦点人物。有的人在与他人交往时很有戒心，总怕别人有所图，居心叵测，所以处处设防，唯恐上当受骗，这样的心理会阻碍其正常的交流。对有些居心不良的人固然要防备，但这样的人毕竟是少数，不能因此连朋友也拒之千里。过分的多疑、猜忌、不信任，会使人难于交友，无法形成相应的人际关系，而影响自己的学习和工作。

但是，有些人在人际交往中对任何人都高度信任，也不可取。过度信任他人会使人丧失应有的警惕，使别有用心的人有机可乘。

趣味记名法

游戏目的：

增强彼此的认同感。

游戏准备：

人数：不限。

时间：15 分钟左右。

场地：室外平地。

材料：小皮球（网球）3 个。

游戏步骤：

1. 将人们分成若干组，每组 15 人。告诉某一个小组成员游戏将从他手里开始。让他喊出自己的名字，然后将手中的球传给右边的队友。接到传球的队友也要喊出自己的名字，然后把球传给自己右边的人。继续下去，直到球又重新回到第一个成员的手中。

2. 改变规则，现在接到球的人必须喊出另一名成员的名字，然后把球扔给该成员。

3. 再加一只球进来，让两个球同时被扔来扔去。

4. 把第三只球加进来，其主要目的是让游戏更加热闹、更加有趣。

5. 游戏结束后，请一名参与者在他的小组内走一圈，报出每个人的名字。

【游戏心理分析】

认同感是群体内的每个成员对外界的一些重大事件与原则问题，有共同的认识与评价，也是人对自我及周围环境有用或有价值的判断和评估。记住别人的名字不仅是对人们的一种尊敬，也是人们交往的前提。人们之间一旦有了认同感，也能拉近心理的距离。增强彼此的认同感不仅增加了人们的认知取向，也增进了人们之间的感情。

交换名字

游戏目的：

这是一个增强人们交际能力的游戏。

游戏准备：

人数：10 人。

时间：不限。

场地：室内。

材料：无。

游戏步骤：

1. 参与者围成一个圆圈坐着。

2. 围好圆圈后，自己随即更换成右邻者的名字。

3. 以猜拳的方式来决定顺序，然后按顺序来回答问题。

4. 当主持人问及"张三先生，你今天早上几点起床"时，真正的张三不可以回答，而必须由更换成张三的名字的人来回答："恩，今天早上我 7 点钟起床！"

5. 当自己该回答时却不回答，不该自己回答时却回答，就要被淘汰。最后剩下的一个人就是胜利者。

【游戏心理分析】

交际是人们在社会交往过程中，对社会、对群体、对他人、对自己表现的知觉印象。交换名字可以增加对彼此的印象和认知，这样人们在交际中就可以和对方很好地交流。

百花争艳

游戏目的：

帮助人们消除拘谨情绪，增进沟通。

游戏准备：

人数：30～50 人。

时间：15 分钟左右。

场地：空地。

材料：奖品。

游戏步骤：

1. 让所有的参与者务必记住以下每种花对应的数字。

牵牛花 1；杜鹃花 2；山茶花 3；马兰花 4；野梅花 5；茉莉花 6；水仙花 7。

2. 游戏开始，主持人击鼓念儿歌。主持人的儿歌随时会停止，当主持人喊到"山茶花"时，场内的参赛者必须迅速围成 3 个人的圈；当喊到"水仙花"时，要围成 7 个人的圈；当喊到"牵牛花"时，只要 1 个人站好就可以。凡是没能够与他人结成圈，或者围成的圈人数不对的，都被淘汰出局。

3. 等到圈内剩余人数只有 5 人左右时，游戏即停止，这些剩余的人即可获得奖品。

【游戏心理分析】

如何才能拥有好人缘呢？俗话说得好，牵牛要牵牛鼻子。这人缘的事，只要贴近了人的心，就八九不离十了。也许有人会说，人心隔肚皮，哪能说贴就贴。看过了太多人世间的尔虞我诈，很多人早已忽视了"真诚"二字。其实，这简单的二字，便是让人心贴心的强力胶。

"捧人"赛

游戏目的：

通过赞美，看看自己的交往能力。

游戏准备：

人数：不限。

时间：不限。

场地：不限。

材料：不限。

游戏步骤：

1. 将参与者分为几组，先在组内相互自我介绍：姓名、学校、年龄和爱好等。然后推举一位代表将组内每一位的情况向组外人做完整介绍，还可加上自己的评价（大家可以提问）。

2. 当该组介绍完，其他组各选一位代表对该组的介绍进行夸奖。如该组成员都很年轻，非常有朝气；或者该组成员看来经验很丰富；或者该组成员都是女孩子，都很漂亮。以此类推，直到所有组介绍完毕。每组介绍自己的代表和发表评价的代表不能是同一个人。

3. 选出"最佳创意捧人法"和"最厚颜无耻、无聊法"等。

【游戏心理分析】

这个游戏既无伤大雅，又能锻炼与人交往的能力，确实是一个很好玩的游戏。在交际中，赞美别人是一门艺术。"夸人"要分场合和区分对象，熟人之间因为相互了解，赞美之词可以较"露骨"；但只要真诚地去赞扬一个人，对方是能体会到的。不真诚的赞美不仅得不到人们的认可，也不能让人们信服。所以，真诚待人是交际的根本，每个人都要本着诚实的心理，这样他的人际圈才会越来越大。

哑剧天才

游戏目的：

通过非语言表达看人们的理解能力和表述能力。

游戏准备：

人数：不限。

时间：不限。

场地：室外。

材料：书本、听诊器、粉笔。

游戏步骤：

1. 职业表演

让参与者想象一下司机、飞行员、经理、教师等的职业特点，每人选择一个扮演。如，表演医生可以穿上白大褂，脖子挂上听诊器，为别人看病、打针。表演教师可以夹着书本和拿着粉笔，这是很直观的表达；也可以给别人上课，这是行为的表达。看看谁的角色扮演得好。

2. 故事表演

主持人先给参与者讲一个故事，故事的情节不宜太复杂，人物最好一两个。让参与者先复述一遍故事，不要纠正、补充遗漏的部分；再请他不用语言，将故事表演出来。

表演者可以扮演其中的一个角色，请别人扮演其他的角色；也可以自己同时扮演几个角色，这个难度更大。

3. 无声电影

电影的高潮部分一般更多的是靠表情和姿势表现的。在有声电影出现之前，无声电影同样表现了故事的情节和人物的情绪。

截取某部电影中的一段情节，请参与者不用语言，表演出电影情节的内容。

在选择故事或电影情节时，最好是适合表演的，不要太深奥、玄幻。因为是哑剧，所以需要对所要表演的故事或形象等有更深的理解，需要更强的非语言表达能力。

【游戏心理分析】

人类具有丰富的非语言表达能力。人们通过肢体语言能很好地将自己的情绪和状态表达出来。从人们的非语言表达中，我们可以看出自己的理解力。只要做到正确的表述，人们才能获得准确的理解。

划分小组

游戏目的：

锻炼人们结识不同的人的能力。

游戏准备：

人数：不限。

时间：10分钟。

场地：室内。

材料：眼罩。

游戏步骤：

1. 寻找对象

第一步：人们围成一个圆圈。主持人说："向左看，向右看，停！"人们看左、看右，然后用目光锁定对面的一位参与者。当两人的目光相对时，则拍手、出场交谈，交谈3分钟，没对上的继续。

第二步：人们分列两行，结对的伙伴面对面站立，各自后退5米，蒙上眼罩，用声音寻找对方，不可以利用参与者的名字及其公司名称。

2. 左、中、右

主持人可以问以下问题：

早上起床时，是从左边下床，还是从右边下床？

从左边下床的站左边，从右边下床的站右边，记不清的站中间。将人们分成三组。

3. 谁是勇士

如果依上法分成的三组人数悬殊，则继续分组，按以下办法：请大家自由组合，寻找另外两位与自己相像的伙伴，分成三人一组。

然后提问：谁愿意第一个站起来？谁愿意第二个站起来？

由此，将人们分成三批。

【游戏心理分析】

良好的沟通容易让人们更好地交流和认识。在生活中我们总会遇到各种性情的人，面对人们的不同性情，人们在沟通过程中也要注意交流的方式，针对不同的性格，变换方式和交流技巧。在交流过程中，真诚是朋友相处的基础。在朋友面前多一些真诚，多一些了解，让自己成为朋友可以信赖的人。

初次见面

游戏目的：

让人们认识到第一印象的重要性。

游戏准备：

人数：不限。

时间：10分钟。

场地：室内。

材料：若干姓名牌。

游戏步骤：

1. 给每一个人都做一个姓名牌。

2. 让每个人在进入室内之前，先在名册上核对一下姓名，然后给他一个别人的姓名牌。

3. 等所有人到齐之后，要求所有人在3分钟之内找到姓名牌上的人，同时向其他人做自我介绍。

4. 主持人做自我介绍，然后告诉参与者："很高兴来到这儿！"快速绕教室走一圈，问："如果你今天不在这儿，你会在做什么不情愿做的事情呢？"注意让现场保持轻松活泼。

【游戏心理分析】

当新到一个地方，你与素不相识的人初次见面，必定会给对方留下某种印象，这在心理学上叫做第一印象。第一印象所获得的主要是关于对方的表情、姿态、仪表、服饰、语言、眼神等方面的信息，它虽然零碎、肤浅，却非常重要。因为，在先入为主的心理影响下，第一印象往往能对人的认知产生关键作用。研究表明，初次见面的最初 4 分钟，是第一印象形成的关键期。

怎样才能给人良好的第一印象呢？心理学家提出下面几条建议：

显露自信和朝气蓬勃的精神面貌。

待人不卑不亢。

衣着、礼仪得体。

言行举止大方，讲究文明礼貌。

讲信用，守时间。

虎克船长

游戏目的：

在游戏中，知道别人的名字。

游戏准备：

时间：不限。

人数：不限。

场地：不限。

材料：无。

游戏步骤：

1. 全部的人围成一个圈，每个人先搞清楚坐在自己两旁的人的名字。

2. 由其中一人开始，说自己的名字两次，然后再叫另一人的名字。

3. 被叫到名字的人其两边的朋友必须马上说："嘿咻！嘿咻！"并作出划船的动作。

4. 接着再由被叫到名字的人接着叫别人的名字（如步骤2），直到有人做错。做错的人可罚其表演节目。

【游戏心理分析】

在游戏前，所有参与者先自我介绍，这样可以加深彼此的印象。这是人际沟通的一个重要形式。在彼此的交往中，我们不仅要初步了解他人，更重要的是从心理上认可别人，使两个人达到心理上的共鸣。

初次见面的人，如果能用心了解与利用对方的兴趣爱好，就能缩短双方的距离，而且容易给对方留下好印象。例如，和中老年人谈养生，和少妇谈孩子等，即使自己不太了解的人，也可以谈谈新闻、书籍等话题。

晋级

游戏目的：

考验人们的沟通能力。

游戏准备：

人数：不限。

时间：不限。

场地：不限。

材料：无。

游戏步骤：

1. 让所有人都蹲下，扮演鸡蛋。

2. 相互找同伴猜拳，或者其他一切可以决出胜负的游戏，获胜者进化为小鸡，可以站起来。

3. 然后小鸡和小鸡猜拳，获胜者进化为凤凰，输者退化为鸡蛋，鸡蛋和鸡蛋猜拳，获胜者才能再进化为小鸡。

4. 继续游戏，看看谁是最后一个变成凤凰的。

【游戏心理分析】

在猜拳的过程中，大家可以玩得津津有味，所以这个游戏是一个典型的可以调节气氛的游戏，可以让大家在玩乐中相互熟悉起来，从而更好地沟通。沟通是为了达成某种共识。交际与其说在于交流沟通的内容，不如说在于交流沟通的方式。这也是人们之间相互理解的一个过程。人与人之间相互理解才能做到心理上的认同，这种认同感是人们交流的重要条件。

超级比一比

游戏目的：

看看人们的表达能力。

游戏准备：

人数：最少10人，需要一到两名主持人。

时间：不限。

场地：不限。

材料：写有题目的纸条。

游戏步骤：

1. 分组，每组5~7人。

2. 一组排开。除了第一人，其余的人皆面向相反的一边，只会看到下一人的后脑瓜！

3. 主持人把写着题目的纸条给第一个人看。

4. 当第一个人准备好后，用10~15秒的时间传给下一个人看。要传前先拍打下一人的背，好让那人转身面向自己。做动作的人不可用写或出声来表达题目。这样依次传下去。

5. 传到最后一人时，主持人向前询问答案，如果多于半数的人答错，可叫第一个比划的人再比划一次。

6. 每组轮流比划不同的题目。

【游戏心理分析】

良好地进行交流沟通是一个双向的过程，它依赖于你能抓住听者的注意力和正确地解释你所掌握的信息。

有了良好的沟通，办起事来就畅行无阻。交流可以让人们之间的关系变得更加密切。在比划的过程中，人们通过肢体语言传递信息，达到了交流的目的。

与人交往

游戏目的：

看人们属于哪种类型的人。

游戏准备：

人数：不限。

时间：不限。

场地：室内。

材料：纸、笔。

游戏步骤：

在游戏中，参与者根据主持人提出的问题，结合自己的实际情况，作出正确答案。针对主持人的问题作出"是"或"否"的选择。

1. 碰到熟人时我会主动打招呼。

2. 我常主动写信给友人表达思念。

3. 旅行时我常与不相识的人闲谈。

4. 有朋友来访我从内心里感到高兴。

5. 没有引见时我很少主动与陌生人谈话。

6. 我喜欢在群体中发表自己的见解。

7. 我同情弱者。

8. 我喜欢给别人出主意。

9. 我做事总喜欢有人陪。

10. 我很容易被朋友说服。

11. 我总是很注意自己的仪表。

12. 如果约会迟到我会长时间感到不安。

13. 我很少与异性交往。

14. 我到朋友家做客从没有感到不自在。

15. 与朋友一起乘公共汽车时我不在乎谁买票。

16. 我给朋友写信时常诉说自己最近的烦恼。

17. 我常能交上新的知心朋友。

18. 我喜欢与有独特之处的人交往。

19. 我觉得随便暴露自己的内心世界是很危险的事。

20. 我对发表意见很慎重。

第 1、2、3、4、6、7、8、9、10、11、12、13、16、17、18 题答"是"记 1 分，答"否"不记分，第 5、14、15、19、20 题答"否"记 1 分，答"是"不记分。

1～5 题说明交往的主动性水平：得分高说明交往偏于主动型，得分低则偏于被动型。

6～10 题表示交往的支配性水平：得分高表明交往偏向于领袖型，得分低则偏于依从型。

11～15 题表示交往的规范性程度：高分意味着交往严谨，得分低则交往较为随便。

16～20 题说明交往的开放性：得分高偏于开放型，得分低则意味着倾向于闭锁型。如果得分处于中等水平，则表明交往倾向不明显，属于中间综合型的交往者。

【游戏心理分析】

正如不同气质类型的人适合做不同工作一样，不同人际关系类型的人所适合的工作也不同。

主动型的人在人际交往中总是采取积极主动的方式，适合于需要顺利处理人与人之间复杂关系的职业，如教师、推销员等。被动型的人在社交中则总采取消极、被动的退缩方式，适合不太需要与人打交道的职业，如机械师、电工等。

领袖型的人有强烈的支配和命令别人的欲望，如管理人员、工程师、作家等。依从型的人则比较谦卑、温顺，惯于服从，不喜欢支配和控制别人，他们意愿从事那些需要按照既定要求工作的、较简单而又比较刻板的职业，如办公室文员等。

严谨型的人有很强的责任心，做事细心周到，适合的职业有警察、业务主管、社团领袖等。随便的人则适合当艺术家、社会工作者、演员等。

开放型的人易于与他人相处，容易适应环境，适合当会计、机械师、空中小姐、服务员等。闭锁型的人适合当编辑、科研人员等。

转勺子

游戏目的：

增进人们之间的交流和了解。

游戏准备：

人数：不限。

时间：不限。

场地：室内。

材料：需要准备一个勺子或其他能够起到转动定向作用的物品。

游戏步骤：

1. 通过转勺子或者可以转动定向的东西首先确定一个人，作为回答问题者。

2. 再进行转动，找到两个或三个提问者。

3. 提问者每人提一个问题，由回答者回答，要求回答到提问者满意为止。

4. 回答结束后进入下一轮。

【游戏心理分析】

人与人之间需要沟通和理解，我们在沟通中获得和给予这种认可，从而获得心理满足并满足他人，同时将其转化为心理能量。该游戏中的这种信息传递方式，代表着接受、兴趣与信任，是开放式态度的一种体现。这种游戏也意味着要控制自身的情绪，克服思维定式，做好准备积极适应对方的思路，更好地理解对方的话，并及时给予回应。

【心理密码解读】

拿捏最佳的距离，保持最适度的关系

一群刺猬在寒冷的冬天相互接近，为的是通过彼此的体温取暖以避免冻死，可是很快它们就被彼此身上的硬刺刺痛，相互分开；当取暖的需要又使它们靠近时，又重复了第一次的痛苦，以至于它们在两种痛苦之间转来转去，直至它们发现一种适当的距离使它们能够保持互相取暖而又不被刺伤为止。由此可见，人与人之间也应有一定的距离，即"身体距离"和"心理距离"。"身体距离"即"私人空间"；"心理距离"即"孤独感"。

所谓"私人空间"，是环绕在人体四周的一个抽象范围，用眼睛没法看清它的界限，但它确确实实存在，而且不容他人侵犯。无论在拥挤的车厢还是电梯内，你都会在意他人与自己的距离。当别人过于接近你时，你可以通过调整自己的位置来逃避这种接近的不快感；但是挤满了人无法改变时，你只好以对其他乘客漠不关心的态度来忍受心中的不快，所以看上去神态木然。

人与人之间需要保持一定的空间距离。任何一个人，都需要在自己的周围有一个自己把握的自我空间，它就像一个无形的"气泡"一样为自己"割据"了一定的"领域"。而当这个自我空间被人触犯，人们就会感到不舒服、不安全，甚至恼怒起来。

一般而言，交往双方的人际关系以及所处情境决定着相互间自我空间的范围。美国人类学家爱德华·霍尔博士划分了四种区域或距离，各种距离都与双方的关系相称。

1. 亲密距离

这是人际交往中的最小间隔，即我们常说的"亲密无间"，其范围约在 15 厘米之内，彼此间可能肌肤相触、耳鬓厮磨，以至于相互能感受到对方的体温、气味和气息；其远范围是 15～44 厘米之间，身体上的接触可能表现为挽臂执手，或促膝谈心，仍体现出亲密友好的人际关系。

就交往情境而言，亲密距离属于私下情境，只限于在情感联系上高度密切的人之间使用。在社交场合，大庭广众之下，两个人（尤其是异性）如此贴近，就不太雅观。在同性别的人之间，往往只限于贴心朋友，彼此十分熟识而随和，可以不拘小节，无话不谈；在异性之间，只限于夫妻和恋人之间。因此，在人际交往中，一个不属于这个亲密距离圈子内的人随意闯入这一空间，不管他的用心如何，都是不礼貌的，会引起对方的反感，也会自讨没趣。

2. 个人距离

这是人际间隔上稍有分寸感的距离，较少有直接的身体接触。个人距离的近范围为 46～76 厘米之间，正好能相互亲切握手，友好交谈。这是与熟人交往的空间。陌生人进入这个距离会构成对别人的侵犯。个人距离的远范围是 76～122 厘米，任何朋友和熟人都可以自由地进入这个空间。不过，在通常情况下，较为融洽的熟人之间交往时保持的距离更靠近远范围的近距离一端，而陌生人之间谈话则更靠近远范围的远距离端。

人际交往中，亲密距离与个人距离通常都是在非正式社交情境中使用，在正式社交场合则使用社交距离。

3. 社交距离

这已超出了亲密或熟人的人际关系，而是体现出一种社交性或礼节上的较正式关系。其近范围为 1.2～2.1 米，一般在工作环境和社交聚会上，人们都保持这种程度的距离。

社交距离的远范围为 2.1～3.7 米，表现为一种更加正式的交往关系。公司的经理们常用一个大而宽阔的办公桌，并将来访者的座位放在离桌子一段距离的地方，这样与来访者谈话时就能保持一定的距离。如企业或国家领导人之间的谈判、工作招聘时的面谈、教授和大学生的论文答辩等，往往都要隔一张桌子或保持一定距离，这样就增加了一种庄重的气氛。

4. 公众距离

这是公开演说时演说者与听众所保持的距离。其近范围为约 4～7 米，远范围在 25 米之外。这是一个几乎能容纳一切人的"门户开放"的空间，人们完全可以对处于空间的其他人"视而不见"、不予交往，因为相互之间未必发生一定联系。因此，这个空间的交往，大多是当众演讲之类，当演讲者试图与一个特定的听众谈话时，他必须走下讲台，使两个人的距离缩短为个人距离或社交距离，才能够实现有效沟通。

人际交往的空间距离不是固定不变的，它具有一定的伸缩性，这依赖于具体情境、交谈双方的关系、社会地位、文化背景、性格特征、心境等。

我们了解了交往中人们所需的自我空间及适当的交往距离，就能有意识地选择与人交往的最佳距离；而且，通过空间距离的信息，还可以很好地了解一个人的实际社会地位、性格以及人们之间的相互关系，更好地进行人际交往。

第二章　你的人际辐射力有多远

沉默的自我介绍

游戏目的：

1. 使人们明白交流有时完全可以通过肢体运作完成。

2. 说明通过非语言的方法完全可能实现完整的信息传递。

游戏准备：

人数：不限。

时间：10 分钟。

场地：教室。

材料：无。

游戏步骤：

1. 将大家分成 2 人一组。

2. 大家要做的是向对方介绍自己，但是整个介绍必须全部用动作完成。大家可以通过图片、标识、手势、目光、表情等非口头的手段交流。

3. 一方先通过非语言的方式介绍自己，2 分钟后双方互换。

4. 请大家口头交流一下刚才通过肢体语言交流时对对方的了解。

5. 与对方希望表达的内容进行对照。

【游戏心理分析】

人与人面对面沟通的三大要素是文字、声音以及肢体动作。一般人在与人面对面沟通时，常常强调讲话内容，却忽视了声音和肢体语言的重要性。其实，沟通便是要努力和对方达成一致以及进入别人的频道，也就是你的声音和肢体语言要让对方感觉到你所讲的和你所想的十分一致，否则对方无法收到正确讯息。

精彩时刻

游戏目的：

让人们学会分享的乐趣。

游戏准备：

人数：不限

时间：10～15分钟。

场地：室内。

材料：信息卡（见附件）、笔及一些奖品。

游戏步骤：

1. 在开始时，你可以以下面的话作为开场白："在大家各自的生活和工作中，我们都会有一些十分精彩的时刻。但是，我敢打赌，我们当中的很多人过去都没有和我们每天工作在一起的同事们一同分享这些精彩的时刻。现在，让我们大家一起来分享它们吧！"

2. 然后，把卡片发下去，给大家5分钟时间来填写。挑选一个人作为开始，并且把小奖品发给那个人。一旦第一个人完成了他（她）的精彩时刻描述，让那个员工把这个小奖品传给别人。如此继续下去，一轮之后结束。

附件

信息卡

请花几分钟时间填完下面的问题：

1. 请简要描述一下你的精彩时刻：

生活中：

工作中：

2. 你认为当时感觉最强烈的3种感情是什么？

生活中：

工作中：

3. 你是如何为你的精彩时刻举行庆祝的，或者你是如何赞誉它们的？

生活中：

工作中：

4. 你的精彩时刻是如何改变你的发展方向或者你的观点的？

生活中：

工作中：

【游戏心理分析】

生活中的许多快乐，都是互相分享得来的。如果快乐没有得到分享，那就变成了痛苦，一个人不与别人讲自己的痛苦，那么只会更加痛苦。我们要懂得与他人分享精彩时刻，这样快乐情绪也能传递给下一个人。

画面具

游戏目的：

让人们在交际中放松身心。

游戏准备：

人数：20 人左右。

时间：20 分钟。

场地：室内。

材料：纸面具（一张适当大小的白纸，加条橡皮筋就成了）数个、粗笔数支、布一条。

游戏步骤：

1. 这个游戏需要 5 人一组，主持人可以将人们分成 4 个小组。

2. 小组中一人戴上面具，另选一人做描述者。

3. 由主持人发指示，如要其他 3 人首先在面具上画出左眼，那么每组的第一人便要蒙上眼，由描述者指示他们去在面具上画上左眼。

4. 待大家都完成后再由主持人发下一个指示（如画上右眼），以此类推。

5. 待面具都画好的时候，哪组画的面具最漂亮便胜出。

【游戏心理分析】

无论是语言的交流或是非语言的交流，关键在于能使彼此产生情感共鸣，赢得他人的信任，增进彼此之间的交往愿望。这个游戏可以增加人们相互交流的机会。成员之间多交流、多沟通，才能相互了解，增进认同感，从而增加归属感。

猜五官

游戏目的：

在游戏中体会沟通的重要性，活跃气氛。

游戏准备：

人数：不限。

时间：10 分钟。

场地：不限。

材料：无。

游戏步骤：

1. 两人一组，两人面对面。

2. 先随机由一人开始，指着自己的五官任何一处，问对方："这是哪里?"

3. 对方必须在很短的时间内回答出。例如，对方指着自己的眼睛问这是哪里的话，同伴就必须说："这是眼睛。"同时同伴的手必须指着自己眼睛以外的五官。

4. 如果过程中有任意一方出错，就要受罚；3 个问题之后，双方互换。

【游戏心理分析】

在沟通中，学会倾听是至关重要的。不同的倾听会带来不同的结果。

完全不用心的倾听。这种人与人交流时心不在焉，只沉迷于自己的内心世界，给人很大的距离感。

假装在倾听。这种人与人交流时好像是在用心倾听，有时还会复述别人的话来作为回应，但实际上并未有实质上的沟通。

选择性地倾听。这种人只沉迷于自己感兴趣的话题和自己关心的事情，虽然与对方有沟通，但很难完全理解对方的意思。

留意地倾听。这种人全心全意地倾听，可惜他始终从自己的角度出发，不容易与对方达成共识。

同理心倾听。站在对方角度倾听，实现了与他人的同步理解沟通。

猜牙签

游戏目的：

增进人们之间的感情。

游戏准备：

人数：不限。

时间：20分钟。

场地：室内。

材料：牙签数支（比总人数多一支）。

游戏步骤：

1. 以8个人为例，请准备9个牙签。首先由一人担任游戏的庄家，庄家随意拿几支牙签放在手上，当然，不可以让其他人看到。

2. 庄家让其他的玩家猜一个数字。这个数字是1~9之间的任意一个，如果玩家没有猜中，就轮到下一个玩家猜庄家手中的牙签；如果猜对了，猜中的玩家就要唱歌；如果所有玩家都没有猜中的话，就由庄家唱歌。

3. 如果有人输了，就唱歌，并由唱歌的人重新担任庄家，这样游戏就一直进行下去了。一般来说，这个游戏的参与者无一例外地人人都会被罚唱歌，若你"运气好"就会唱很多歌。

【游戏心理分析】

心理学认为，当交流双方在沟通中感受到对方与自己没有心理隔阂或者障碍，就会对交流对象产生一定的认可，同时，对其话语的信任度也相应升高。此时，交流也会更加和谐。人们在交际过程中，可以先营造一种和谐并充满信任感的氛围，让对方对我们产生信任，之后的交流就会变得容易多了。缩短心理距离，以获得信任感，是进行有效交流的第一步。

捉尾巴

游戏目的：

放松身心，互相认识。

游戏准备：

　　人数：不限。
　　时间：10 分钟。
　　场地：较宽敞的地方。
　　材料：绳、剪刀。

游戏步骤：

　　1. 主持人预先把绳子剪成每条约 1.5 米长，分给每个人。每名参与者将绳头束入裤后面的袋或裤腰后面，让绳尾拖在地上。
　　2. 各人在指定时间内设法弄走别人的尾巴，同时要保护自己的尾巴。
　　3. 规则：
　　（1）不得用手拿走别人的尾巴或保护自己的尾巴。
　　（2）不得坐下或贴着墙走。
　　（3）一旦尾巴被人拿走，便算输，须即时出局。
　　4. 主持人可限定人们走动的范围，以增加难度。

【游戏心理分析】

　　一个人要把自己的想法向别人表达清楚需要沟通，一个人要从别人那里得到什么，也需要沟通。人和人之间存在着差异，就必然有距离。如果想要消除它，沟通是必不可少的。要拥有良好的沟通品质和沟通效果，最好遵循以下几个原则：
　　多谈对方感兴趣的话题。
　　多谈对方熟悉的事情。
　　多谈对对方有利、有益的事情。
　　多用推崇、赞美的语言。
　　多听少说。80％用于听，20％用于说。
　　多问少说。80％用于问，20％用于说。
　　多谈轻松的话题。

集体盲行

游戏目的：

1. 锻炼人们在团队中的领导能力。

2. 增强人们之间的信息传递及沟通能力。

游戏准备：

人数：不限。

时间：60分钟。

场地：设有障碍物的户外场地。

材料：5～10条长度均为20米的绳子，每人一个眼罩。

游戏步骤：

1. 主持人将人们分组，12～15人一组，让每个人都蒙上眼罩。

2. 教练将人们安全地领到场地一端，发给每组一根绳子。

3. 要求各组的组员借助绳子共同走到场地另一端，活动结束。

【游戏心理分析】

良好的沟通会通过刺激人的感官传达给大脑积极的信息，从而调适人的心理状态，平衡人内部的失衡。沟通可以增进人们之间的认识和了解，让人们之间的关系越来越紧密。人们之间有了认同感，才能够让交流变得更加顺畅。

"俘虏"游戏

游戏目的：

帮助人们互相认识。

游戏准备：

人数：不限。

时间：20～30分钟。

场地：室内。

材料：不透明的幕布一条。

游戏步骤：

1. 让参与者分两边站立，分成两组。
2. 依序说出自己的姓名或希望别人如何称呼自己。
3. 主持人与助理手拿幕布隔开两边队员，分组蹲下。
4. 第一阶段：两边队员各派一位代表至幕布前，隔着幕布面对面蹲下，主持人喊"1、2、3"，然后放下幕布，两位队员以先说出对面人们姓名或绰号者为胜，胜者可将对面队员"俘虏"至本组。
5. 第二阶段：两边队员各派一位代表至幕布前背对背蹲下，主持人喊"1、2、3"，然后放下幕布，两位队员靠组内队员提示（不可说出姓名、绰号），以先说出背后队员的姓名或绰号者为胜，胜者可将对面队员"俘虏"至本分组。
6. 活动进行至其中一组人数少于3人时即可停止。

【游戏心理分析】

人的世界是由外部环境和内心情感构成的，相对来说，内心的情感世界更能对我们的生活造成影响。如果一个人总是将自己封闭在一个狭窄的圈子内，对自己、对社会都没有好处。所以，让人们体会与他人交往的乐趣，会增加其与人交流的意愿和能力。

抛笑

游戏目的：

通过笑，让人们认识到微笑的重要性，在生活中保持乐观情绪。

游戏准备：

人数：不限。
时间：不限。
场地：室内。
材料：无。

游戏步骤：

把参与者分为两个小队。主持人说："我的手里抓着'笑'，抛进我自己嘴里，我就笑出来（自己大笑）；我说'一小队'，同时用手把'笑'抓出来抛给一小队，一小队全体必须笑；我再用手一抓，笑被我收回，你们要立即停止笑；我说'二小队'，同时把手中的笑抛向他们，二小队全体都要大笑；片刻之后，我又做抓笑状态，抛入自己口中，二小队要停笑，只有我一人笑。"

在游戏过程中，该笑的不笑，不该笑的笑，都算输。因此，在游戏中要用自己的大笑、狂笑或怪笑引诱别人笑，使他人失败。

【游戏心理分析】

微笑是人们的一种情绪表露，倘若一个人能始终保持一种乐观的心境，微笑着面对人生，就有可能卸下许多本无必要承受的心理负荷，创造力就会不可抑制地迸发出来，整个生命将会因此大放异彩。

小组物品清单

游戏目的：

培养团队协作的能力。

游戏准备：

人数：不限。

时间：10～15分钟。

场地：室内。

材料：办公室常见物品15件（如书、表格、工具、办公用品等）。

游戏步骤：

1. 将人们分为4～6人的小组若干个。每个小组一起写出所看到的物品。

2. 让每个小组成员用1分钟时间观察桌上的东西。

3. 当每个小组的成员回到自己的座位上后，给他们2分钟时间，写下自己记得的物品。然后，主持人列出一张整个小组的物品总清单，与实际情况比较一下，看看有什么差别。

【游戏心理分析】

一个人的能力毕竟是有限的，处处依靠自己固然是无可厚非的，但是一味地、保守地坚持自己的意见，则不可避免地要失败。每个人都有自己的优势和特长，若能互相协作则会收到很好的效果。

对号签名

游戏目的：

这是一个让人们迅速了解和认识他人的游戏，从而加深自己在别人眼中的印象。

游戏准备：

人数：不限。

时间：不限。

场地：不限。

材料：主持人准备好与人数相等的名单，每张名单上写着参与者的特征。

游戏步骤：

1. 让参与者先自我介绍，不要忘了介绍写在名单上的自己的特征。特征描述尽可能独特，如：在北京出生；会背三首以上唐诗；会三种以上语言；戴隐形眼镜；住在学校宿舍；家里养有宠物等。

2. 主持人把准备好的名单发给每个人。

3. 在一定的时间内，每个人必须去寻找符合名单上描述的人，并取得签名。

【游戏心理分析】

在这个游戏中，人们不仅能够深刻地认识自己，也能深刻地了解他人，知己知彼才能相处融洽。在人们的交际中，面对面的交流是最亲切、最有效的平等交际方式。通过面对面的交流，人们可以直接感受到对方的心理变化，在第一时间正确地了解对方的真实想法，从而进行快速有效的交流，将存在的问题及时解决。

旱地龙舟

游戏目的：

这个游戏可以促进成员之间的沟通，训练成员之间的协作能力。

游戏准备：

人数：不限。

时间：20 分钟。

场地：草地。

材料：无。

游戏步骤：

4～5 人一组，每组队员坐在地上，后一队员双手抱前一队员的腰部，在地上利用臀部和双脚前进。先到达终点者为胜利者。

相关讨论：

大家一起同舟共济，是否感觉非常兴奋和投入？

怎样才能使同组的人走得又快又好？

在一起游戏的时候，同组成员之间是如何沟通的？

【游戏心理分析】

在生活中沟通是很重要的。因为有了沟通，人们之间的交流才会更加便利，人与人之间的相处才会更加密切。心与心的沟通，让人们可以敞开心扉接受身边的每个人。

你像哪种动物

游戏目的：

沟通在人们的生活中十分重要。这个游戏可以提高人们的交流技巧。

游戏准备：

人数：不限。

时间：不限。

场地：不限。

材料：写有动物名字的动物漫画。

游戏步骤：

1. 将各种各样的动物漫画给大家看，让大家分别描述不同的动物的性格。

2. 让游戏参与者回想一下，当他们面对危险的时候会有什么反应？面对危险，他们的第一反应是什么？这一点和图中的哪种动物最像？

3. 让每个人描述一下，他所选择的动物性格，说出理由。比如说："我像刺猬，看上去浑身长满刺，很难惹的样子，其实我很温驯。"

相关讨论：

你所选的动物和别人所选的动物是不是有什么奇怪的地方？

当不同性格的人碰到一起的时候，他们应该如何相处？

【游戏心理分析】

合作和沟通的过程中，要认真考虑自己和对方冲突的根源所在，根据彼此的特点进行调整；最终，尽管存在冲突，不同类型的人仍然可以在一定程度上互补，也可以相处得很好。

每个人都有自己特定的思维模式，这也决定了他的行为模式，不同思维模式的人碰到一起，总会不可避免发生冲突，当冲突出现的时候，也许正视问题，互相尊重才是更好的解决问题的方法。

绑一起

游戏目的：

看看人们在交往中的协作能力。

游戏准备：

人数：不限。

时间：20~30分钟。

场地：户外。

材料：绳子。

游戏步骤：

1. 把参与人员分组，不限几组，但每组最好两人以上。每一组组员围成一个圈圈，面对对方。

2. 主持人把每个人的手臂与旁边的人绑在一起。绑好以后，主持人提出任务要每组完成。

3. 任务举例：吃午餐、跑步、喝水等。

【游戏心理分析】

这个游戏能够很好地调动大家的积极性和参与性，同时锻炼大家的合作、协调能力。人们在合作中很容易实现自身的价值。人与人之间的协作可以增加彼此间的认同感，促进彼此的交流。

【心理密码解读】

缩短心的距离，建立与他人的亲密关系

所谓"道不同者不相为谋"，志向不同，就像是在两条不同轨道上运行的行星，怎么也走不到一块儿去。

有科学家曾人为地将某大学的学生集体宿舍进行了安排，他们先以测验和问卷的形式了解了部分学生的性情、态度、信念、兴趣、爱好和价值观等，然后把这些学生分为志趣相似和相异的，然后把志趣相似的学生安排在同一房间，再把志趣相异的也安排在同一房间，然后就不再干扰他们的生活和学习。过了一段时间，再对这些学生进行调查，发现志趣相似的同屋人一般都成了朋友，而那些志趣相异的则未能成为朋友。可见，人们都倾向于喜欢那些和自己性格相似的人。

那么，人为什么会喜欢与自己有相似性情、类似经历的人交往呢？心理学家研究发现，当人们与和自己持有相似观点的人交往时，能够得到对方的肯定，增加"自我正确"的安心感。他们之间发生冲突的机会较少，容易获得对方的支持，很少会受到伤害，比较容易获得安全感。此外，有相似性情的人容易组成一个群体。人们试图通过建立相似性的群体，以增强对外界反应的能力，保证反应的正确性。人在一个与自己相似的团体中活动，会感觉

阻力比较小，活动更容易进行。

拥有相似性容易让我们获得他人的认可，赢得他人的好感。

在人际交往中，我们要赢得他人的好感，还必须学会微笑，用自己迷人的微笑来赢得他人的好感。绽放迷人的笑容，是赢得他人好感的永恒法宝。

在现实生活中，多数人都渴望获得他人的好感。想要获得别人的好感，以下几点应铭记于心：

塑造良好形象。首先要做到谦虚而不自卑，自信而不固执。此外，要充实知识，培养广泛的兴趣爱好。

善于语言表达。无论是在座谈会上，还是在朋友相聚的场所，如果你有见解，就要大胆地表明，若是一言不发，则会给人软弱无能的印象。当然，言语表达要注意掌握分寸，注意发言场所，切忌花言巧语，令人讨厌。

尊重对方。与别人交往时，要尊重对方，讲礼貌，不在背后议论别人，这可以让你在短时间内就给对方留下一个良好的印象。

做一个好的倾听者。在交谈中，鼓励他人谈论自己，是很重要的，因为人们永远都更加关注自己的表达内容。若你懂得倾听，一般很容易赢得他人的好感。

让对方觉得自己很重要。"三人行，必有我师"，如果对方知道你在向他学习，他会有一种自豪感，同时，他也会对你产生更多的好感。

第三章　对自己的洞察力知多少

谎言

游戏目的：

通过肢体语言来了解一个人。

游戏准备：

人数：不限。

时间：15～20 分钟。

场地：教室。

材料：眼罩。

游戏步骤：

1. 由一人蒙上眼睛扮"瞎子"，坐在"瞎子"左侧的人开始不断地指在座的每一个人。

2. 当他指向其中的一个人，就问"瞎子"："这个行不行？"

3. "瞎子"如果说不行，就继续指下一个人。直到"瞎子"同意的时候，被指的那个人就是被游戏选中的人。

4. "瞎子"摘下眼罩，根据每个人的表情来猜测谁被选中了，而参与的人不能告诉"瞎子"。

5. 当然，被选中的也可能是"瞎子"自己。

6. "瞎子"要出一个题目或者指定一个节目，要被选定的人去完成。

7. 下一轮，由上一轮被选定人来做"瞎子"。

【游戏心理分析】

小动作作为一个下意识的产物，可以帮助我们更好地去认识一个人。因为小动作不单是行为的一种习惯，而且可以反映出人们内心对事物的一些看法。

一个小习惯、小细节、小动作往往隐含着一个人内心最深层的东西。与人交往中一定要注意这些，这样会帮助你更好地去了解这个人。

神秘的液体

游戏目的：

检验人们的观察能力，促使其养成善于观察、积极思考的好习惯。

游戏准备：

人数：不限。

时间：10 分钟。

场地：教室或会议室。

材料：一次性水杯每人 1 个，白醋 1 瓶。

游戏步骤：

1. 将水杯发给大家，每人一个，杯内装有少许白醋，当然不能让大家知道这是醋。

2. 告诉大家，水杯内装有不明液体，可能是饮料、食用油或白酒等。

3. 主持人用右手中指在水杯内蘸一些液体，然后把食指放在嘴里吮吸，并装模作样地作出"味道好极了"的表情。

4. 让所有成员都做一遍，绝大部分人尝了这种液体后，都皱起了眉头。

【游戏心理分析】

观察力是指仔细察看事物或问题的能力，它更多的是掺杂了分析和判断的能力。可以说，观察力是一种综合能力。有人说："思维是核心，观察是入门。"一个人如果具备了敏锐的观察力，那么他对周围事物的感知能力无疑要比其他人强许多。

观察力测试

游戏目的：

使人们有意识地培养、训练自己的观察和思维能力。

游戏准备：

　　人数：不限。

　　时间：5分钟。

　　场地：室内、室外不限。

　　材料：每人一部手机。

游戏步骤：

　　1. 主持人向任意一人暂借一部手机，拿到手机后，对那人说想测试一下他的观察力，同时请其他人不要拿出自己的手机。

　　2. 告诉人们：假如这只手机是你丢失的，被我捡到了。在我还给你之前，你得证实它属于你，请你说出它的特征。有这样几个问题需要你回答：

　　(1) 手机的品牌？

　　(2) 手机的颜色？

　　(3) 手机的屏幕显示？

　　(4) 手机有哪些独特之处？

　　(5) 电话号码是什么？

【游戏心理分析】

　　从心理学上讲：一个人的注意力不能同时集中在两件事物上，当你受困于某件事情时，你可以主动跳出来，开始着手进行另一件事，以此转移注意力。注意力的转移是指把注意力从一个对象转移到另一个对象上，或从一种活动转移到另一种活动上。

　　习惯是人们在长久的状态下形成的一种生活方式，也是人们日益形成的一种心理惯性。一个习惯会把人的无意识的思想表现出来。每个人都有自己的习惯和个性，这也决定了一个人的特征，从这些特性中可以看出一个人的性格。所以，多注意观察生活中细小的环节，在小环节中隐藏着大答案。

谁是"凶手"

游戏目的：

　　培养人们在人际交往中的观察力。

游戏准备：

人数：不限。

时间：10分钟。

场地：教室。

材料：幻灯片。

游戏步骤：

1. 将参与者分成2人一组，让他们认真倾听下面的故事，回答故事里的问题。

上午10点钟，在纽约斯密斯顿区的一条小街上，突然响起了两声清脆的枪声，一起凶杀案发生了。

汽车的挡风玻璃上留下两个弹孔，驾驶台上的一个男人被射穿左胸。他右手握着枪，可以看出他临死前开了一枪。汽车前面挡风玻璃上的右侧的弹孔是杀人者留下的，被害者射的一枪子弹从玻璃上左面的弹孔穿出。

被害者是黑人路易斯，凶手是白人麦克雷。案发后，麦克雷一直没有离开过现场。他竭力为自己辩解。他说："我开枪完全是正当防卫。我刚才在街上走，突然发现车上的路易斯向我开枪。我是迫不得已才出手还击的。"

请问：麦克雷的这番话可信吗？

2. 给每组5分钟的时间考虑，必要时可以给予一些提示。

3. 与大家核对答案。你会发现尽管答案只有两个，解释却花样繁多，这都是每个人观察的结果。

答案：

麦克雷的话不可信。可以观察一下两个弹孔的裂纹。麦克雷开枪造成的弹孔在汽车挡风玻璃上的右面，它周围的裂纹一直扩散到挡风玻璃的边缘。而左面路易斯射击造成的弹孔，其裂纹只扩展到右面弹孔的裂纹处就中断了。这说明，右面弹孔周围出现的裂纹要早于左面弹孔周围的裂纹。由此可见，是麦克雷先向路易斯开枪，而路易斯则是在被打中左胸后再用右手还击的。

【游戏心理分析】

我们处于瞬息万变的现代社会中，每个人都要与各种各样的人交往，其中有许多不很熟悉或者完全陌生的人，如何在最短的时间内看破一个人，洞察他深藏不露的内心玄机，已经成为适应社会、认清环境、建立人际网络和成就事业所必须具备的生存技能。因此，我们每个人都需要培养自己的观察力。

主持人的错误

游戏目的：

引导人们集中注意力。

游戏准备：

人数：不限。

时间：5分钟。

场地：不限。

材料：某些材料（如糟糕的视觉教辅资料等）。

游戏步骤：

1. 主持人即兴开始一段演讲。

2. 在演讲开始时故意犯一些错误。例如：

(1) 迟到。

(2) 讲课时毫无章法。

(3) 声音小。

(4) 走神。

(5) 忘记插幻灯机的插头。

(6) 带来的材料不够分发。

(7) 准备的视觉教辅材料非常不合适。

3. 几分钟后，停止这些错误行为，请人们指出主持人犯的所有错误。

【游戏心理分析】

这个游戏考察我们的观察力和记忆力。一个观察力强的人会敏锐地观察到主持人所犯的错误，但观察力弱的人却很难捕捉到这些细节，尤其是一些常犯的错误，总能轻易地掩人耳目。通过这一游戏，人们对自己的观察力和记忆力会有更深层次的了解。

听音辨器

游戏目的：

游戏通过考察人们的听觉，看看人们集中精力的能力。

游戏准备：

人数：不限。

时间：不限。

场地：室外。

材料：准备好一批乐器（如梆子、鼓、喇叭、手风琴、小提琴等）及一块幕布。

游戏步骤：

1. 把参与者分成几组。主持人把乐器放到幕布后，敲击某乐器，各组抢答是哪种乐器。

2. 敲击几种乐器，各组抢答是哪些乐器。也可奏乐曲片段，让各组抢答是什么曲名，由哪些乐器奏出。

3. 根据抢答成绩决出胜负。游戏时视参与者的年龄提出相应要求，低年级的孩子如能知道几种乐器就可以了。

【游戏心理分析】

在这个游戏中，人们需要集中自己的精力和情感，从而使自己处于一个最佳状态。识别能力的产生需要人有较强烈的行为动机，并为此进行长时间专注的、积极的思索和钻研。心理学认为，在识别能力出现之前，我们必须经过一段长期艰苦的致力于创造性解决问题的锻炼。而识别能力产生，正是我们长期不懈的思维活动的结果。

猜测输赢

游戏目的：

从细小环节洞察人们心理。

游戏准备：

人数：不限。

时间：不限。

场地：不限。

材料：无。

游戏步骤：

1. 这类游戏的玩法有很多种，最基本的原理就是一方随意作出手势，如果对方顺应作出相同的手势则对方输，要罚酒。

2. 青蛙跳。两人手指拱在桌面，一人首先喊"青蛙青蛙跳"，在"跳"字发出的时候五指弹起一个手指做"跳"状，如本方出中指，对方出中指则输，喝酒，出其他四指则过；然后轮到对方喊"青蛙青蛙跳"。

3. 两人猜"石头、剪刀、布"，赢方最先用手指向上下左右各一方，输方则喝酒。

【游戏心理分析】

每个人的心里都会有一些秘密和不想让别人了解的习性。冷静地从一些细小的环节观察对方，也许你会发现对方内在的一些秘密，从而在游戏中可以让自己变得更理智些。如果认真观察对方的神情，可以发现神情也能泄露他们的"心声"，而我们也更可能猜测到对方的真实想法。

帽子戏法

游戏目的：

看人们的观察模仿能力。

游戏准备：

人数：不限。

时间：不限。

场地：不限。

材料：不同职业角色的帽子，如探险家、教练、侦探、电影导演、棒球队员、牛仔、警官、厨师等的帽子。

游戏步骤：

1. 在帽子内做记号标明是什么角色的帽子。

2. 选几个人为大家表演。

3. 请表演者依次选取一顶帽子，按其所代表的职业角色为大家表演该角色的象征性动作。

4. 观看者根据表演者的表演猜测其职业。

【游戏心理分析】

这个游戏不仅能训练人的观察模仿能力，滑稽的表演也能活跃聚会的气氛。表演者要想模仿得逼真，这有赖于其平时对该角色的细心观察，否则很难抓住要领。

记忆搜索

游戏目的：

鼓励人们对日常事物进行细致观察。

游戏准备：

人数：不限。

时间：5分钟。

场地：教室。

材料：无。

游戏步骤：

1. 主持人请人们闭上眼睛，然后开始询问教室里的陈列物。人们举手后开始回答，由主持人进行记录。

2. 主持人公布结果，让大家再次观察教室。

【游戏心理分析】

该游戏可以考察人们的观察力及记忆力。一个细心的人其观察力一般较敏锐，能够对周围的事物有更全面的了解。

抓扫把

游戏目的：

帮助人们集中注意力，训练人们的反应能力。

游戏准备：

人数：不限。

时间：10分钟。

场地：开阔的场地。

材料：扫把。

游戏步骤：

1. 主持人将参与者分成若干小组，每组10人左右。小组围成一圈，给每个成员编号，一个人站在圆圈中间，让扫把立在中间。

2. 中间的人说出一个号码，同时把手中倒立的扫把放开。

3. 被叫到号码的人立刻跑过去，在扫把倒地前抓住扫把。

4. 没抓住的人受罚。

【游戏心理分析】

如果人们注意力不集中，没有仔细观察站在中间的人的放手动作，则很难在第一时间作出准确反应——第一时刻跑过去，在扫把倒地前抓住扫把。

抢舞伴

游戏目的：

主要考察人们的观察力和反应能力。

游戏准备：

人数：不限，但应为奇数。

时间：不限。

场地：不限。

材料：扫帚、音乐和音响设备。

游戏步骤：

1. 将扫帚化妆成稻草人。

2. 开始时以猜拳方式决定输赢，最后输者只好与稻草人共舞，然后放起音乐，开始跳舞。

3. 音乐一直不停，大家也必须不停地跳舞，音乐停止时，立即变换舞伴。此时动作最缓慢者必然成单，音乐再奏时，成单的人只好与稻草人共舞。

4. 为了增加趣味性，可罚在三轮之内都没有抢到舞伴的人表演节目。

【游戏心理分析】

这个游戏不仅考验人们的反应能力，还考察人们的观察力。人们在外界事物发生改变时，所作出的反应，可能是本能的，也可能是经过大量思考后，所作出的决策。在这个游戏中，人们的反应能力也很重要。反应敏捷的人总能很快地找到适合自己的舞伴。

【心理密码解读】

增强与他人的亲密感

由于彼此有着共同的目标，因而迅速拉近了彼此之间的距离。在人际交往中也是一样，若你与对方有共同的目标，则很容易就能增加彼此之间的亲密感。除了共同目标能够增强亲密感之外，还有其他一些增强亲密感的技巧。

1. 与人初次相见，坐在他的旁边较易进入状态

相信每个人都有过这样的经验，那就是与人面对面谈话时，往往会特别紧张。因为人与人一旦面对面，眼睛的视线难免会碰在一起，容易造成彼此间的紧张感。

相反地，与人肩并肩谈话，绝对比面对面谈话来得轻松。因此与人初次相见，坐在他的旁边往往较容易进入状态。这一点同样适用于与异性约会的时候。

2. 尽量制造与对方身体接触的机会，可以缩短彼此间的心理距离

每个人都拥有一个无形的"自我保护圈"，除非是非常亲密的人，否则不

容易侵入这个范围。但反过来说，若人与人之间有了直接的接触，彼此间的心理距离会一下子缩短许多。

3. 找到共同点

因为人与人之间一旦有了共同点，就可以很快地消除彼此间的陌生感，产生亲近感，拉近彼此之间的距离。例如两个陌生人一旦发现彼此竟然曾就读于同一所小学，顷刻间就会产生"自己人"的感觉，立刻会打成一片。因而，与人交往时，找到一些共同点强调一下，往往会收到意想不到的效果。

4. 常用"我们"

我们在听演讲时，对方说"我认为……"带给我们的感受，将远不如他采用"我们……"的说法，因为采用"我们"这种说法，可以让人产生亲近感。